装备科技译著出版基金

固体波动陀螺理论与技术

卢宁·鲍里斯·谢尔盖耶维奇
(Лунин Борис Сергеевич)

[俄] 马特维耶夫·瓦列里·阿列克桑德洛维奇　著
(Матвеев Валерий Александрович)

巴萨拉布·米哈伊尔·阿列克谢耶维奇
(Басараб Михаил Алексеевич)

张　群　齐国华　赵小明　译
魏艳勇　赵丙权　蒋效雄　审校

国防工业出版社
·北京·

著作权合同登记　图字:军-2019-009号

图书在版编目(CIP)数据

固体波动陀螺理论与技术／(俄罗斯)卢宁·鲍里斯·谢尔盖耶维奇,(俄罗斯)马特维耶夫·瓦列里·阿列克桑德洛维奇,(俄罗斯)巴萨拉布·米哈伊尔·阿列克谢耶维奇著;张群,齐国华,赵小明译.—北京:国防工业出版社,2020.1

ISBN 978-7-118-12000-4

Ⅰ.①固…　Ⅱ.①卢…　②马…　③巴…　④张…
⑤齐…　⑥赵…　Ⅲ.①航空仪表-振动陀螺仪-研究
Ⅳ.①V241.5

中国版本图书馆 CIP 数据核字(2019)第 276653 号

※

国防工业出版社出版发行

(北京市海淀区紫竹院南路 23 号　邮政编码 100048)
天津嘉恒印务有限公司印刷
新华书店经售

*

开本 710×1000　1/16　印张 9¾　字数 165 千字
2020 年 1 月第 1 版第 1 次印刷　印数 1—1500 册　定价 78.00 元

(本书如有印装错误,我社负责调换)

国防书店:(010)88540777　　发行邮购:(010)88540776
发行传真:(010)88540755　　发行业务:(010)88540717

作 者 简 介

Лунин Борис Сергеевич　1956 年出生,1979 年毕业于俄罗斯莫斯科鲍曼国立技术大学,技术科学博士,俄罗斯莫斯科国立大学化学系高级研究员,在固体波动陀螺理论和技术领域发表多篇论文、两部专著,并拥有多项专利。

Матвеев Валерий Александрович　1939 年出生,技术科学博士,教授。曾为俄罗斯莫斯科鲍曼国立技术大学"信息和控制系统"科研教学综合机构负责人,"信息安全"教研室主任。俄联邦功勋学者,苏联和俄联邦国家奖获得者,俄联邦科教领域政府奖获得者,在仪表制造理论与技术领域发表 200余篇科学著作和一系列专著,并拥有 25 项专利。

Басараб Михаил Алексеевич　1970 年出生,1993 年毕业于哈里克夫航空学院,物理数学博士,教授,俄罗斯莫斯科鲍曼国立技术大学"信息安全"教研室主任,在应用数学、信息、信号数字处理和无线电物理领域发表 100余篇科学著作和一系列专著。

序

惯性技术是利用牛顿经典力学和近代物理学原理进行运动物体姿态/轨迹测量与控制的应用技术,是陆、海、空、天、潜各类武器装备导航、制导、定位定向、精确打击和信息处理的核心技术,也是深空探测、海洋开发、大地测量、智能交通、钻井隧道、机器人、医疗设备及高端相机、智能手机等众多国民经济领域的重要关键技术,是国家科技水平的重要标志。

从 1852 年法国物理学家傅科制造了最早的傅科陀螺仪至今,陀螺技术的发展已有 160 多年的历史。相关学科技术的研究和发展,快速推进了陀螺理论和技术的创新和进步,从最初的传统机械转子陀螺,到光学陀螺,再到谐振陀螺和原子陀螺等新型陀螺,不断书写着陀螺技术发展的新篇章。

第一个实验型半球谐振陀螺(俄罗斯称为固体波动陀螺)于 20 世纪 60 年代诞生,后续逐渐形成工程产品。但传统谐振陀螺因其成本、工作方式等方面的原因,只在宇航领域得到应用。直到 21 世纪,在陀螺设计、制造相关技术取得创新突破后,谐振陀螺技术得到迅猛发展,并已成为当今陀螺技术领域一颗冉冉升起的新星。它的相关特性正契合当今装备和信息技术发展对寿命、可靠性、成本体积比和环境适应性等的综合要求,在工程应用方面具有广泛前景,发展势头强劲。

我国对谐振陀螺的研究起步较晚,特别是石英半球谐振陀螺的理论基础薄弱,关键技术欠缺。虽然近年来在国内科研人员的不懈努力下取得众多技术突破,并已实现了谐振陀螺的实际应用,但技术尚不够成熟,仍需加大力量开展技术攻关。本书注重理论研究与工程实践相结合,除详细阐述谐振陀螺的基础理论和设计原则外,还重点分析了陀螺加工、修调、装配等关键制造环节的技术特点,总结展示了谐振陀螺模型分析、设计、制造方面的最新研究成果。本书的翻译出版恰逢其时,特别适合我国的科研生产现状,可用于具体指导谐振陀螺的设计和加工制造,促进谐振陀螺研制和应用能力的提升,推动我国惯性技术的全方位发展。

毛为民

2019 年 8 月

译 者 序

谐振陀螺,在俄罗斯称为固体波动陀螺,其工作原理为利用谐振子的驻波进动效应来感测基座的旋转。因其具有可靠性高、寿命长、精度高、尺寸小、重量轻、功耗和成本低等显著特点,目前在国外宇航及其他领域获得了很多应用,成为继机械陀螺、光学陀螺后具有广泛工程应用前景的惯性仪表。特别要提的是,惯性技术领域著名的法国 Safran 集团公司基于该型陀螺研发的各类产品已全面覆盖航天、航海、地面定位定向等领域,并取得巨大成功。因此,开展谐振陀螺技术研究对我国惯性导航和定位技术的发展有着极其深远的意义。

国内在这项技术上起步较晚,目前虽有很多科研院所及高校开展了相关的研究工作,并取得了一定成绩,但由于该项技术在国内尚未完全成熟,欠缺系统、完整论述理论及工程实践的学术专著,产品的性能和技术成熟度还有待提高。

本书系统地介绍了固体波动陀螺的设计生产全周期流程,特别是在陀螺的具体设计、加工、修调、装配环节,给予了理论分析和指导,这是近年来国内外关于谐振陀螺的书籍都未达到的程度,对于谐振陀螺的具体设计、生产指导意义重大,解决了国内理论分析能力不足、研究试制盲目性大的问题。本书的作者俄罗斯莫斯科国立大学 Б. С. 卢宁教授与俄罗斯莫斯科鲍曼国立技术大学 B. A. 马特维耶夫教授和 M. A. 巴萨拉布教授长期从事该型陀螺的研究,尤其是 B. A. 马特维耶夫教授,是俄罗斯惯性技术领域固体波动陀螺技术创始人之一,积累了丰富的理论和工程研制经验。本书总结提炼了他们20余年的固体波动陀螺理论研究及工程研制经验,反映了固体波动陀螺模型分析、设计、制造方面的最新技术成果,具有很高的理论水平和工程实用价值,对国内陀螺科研生产具有重要指导意义,将推动我国谐振陀螺技术的发展。

译者团队长期在惯性导航和陀螺技术领域从事专业研究工作,利用业余时间完成了本书的翻译工作。非常感谢包为民院士和王巍院士对本书翻译出版的大力支持,国防工业出版社给予的基金支持,本书作者之一的

VII

M. A. 巴萨拉布教授在翻译期间的问题解答,以及众多专业人士对本书审校的无私帮助。

由于译者团队水平有限,难免存在翻译不当之处,欢迎批评指正。本书可作为国内从事相关领域的工程技术人员的参考书和高校相关专业学生的教辅书,希望能够促进国内谐振陀螺技术的研究更加深入。

译　者
2019 年 5 月

前　言

随着陀螺仪表在现代信息技术领域中的广泛应用,导航装备已发展有数十类型。在宇航领域,固体波动陀螺(CVG)因其固有特性,可为太空中连续工作 15~20 年的近地和星际探测器提供信息保障,是最具前景的陀螺仪表之一。

与其他技术的发展情形相同,固体波动陀螺技术正处在新技术创新不断涌现、技术飞速发展的时期,很大一部分技术信息分布在专利和大量的期刊中,导致工程技术人员很难在不断增长的大量信息中找准技术方向。

本书总结了作者在固体波动陀螺领域多年的研制经验,介绍了该类型仪表的理论和技术发展现状,旨在为工程研发人员提供实质性的指导与帮助。

固体波动陀螺的制造特点是必须采用一整套的工艺技术,包括石英玻璃的机械加工和化学处理,仪表精密装配和真空处理技术,以及陀螺特性指标的特有检测方法等。同时需要特殊研发固体波动陀螺的电子线路、控制算法及信号处理方法。在探讨这一系列问题时,作者力图向读者提供解决上述问题的明确途径。

全书分为四章。第 1 章介绍了固体波动陀螺的基础理论,包括仪表误差的数学模型。第 2 章研究了固体波动陀螺(半球谐振陀螺)的主要部件——半球谐振子的设计与制造方法。第 3 章讨论了固体波动陀螺的结构、装配及真空处理方法。第 4 章阐述了固体波动陀螺电子控制线路的设计原则,并探讨了信号处理及陀螺可靠性问题。

衷心感谢向本书提供技术信息、提出宝贵意见和建议的各位专家。

目　录

绪 论

陀螺技术的历史可以追溯到 L. 傅科的一系列著名实验。1852 年,他根据框架上快速旋转的转子实验证明了地球在昼夜旋转,也从此出现了该装置的名称——陀螺仪,希腊文"gyro"表示转动,"scope"表示观察。

20 世纪,随着航空、造船、宇航和火箭技术、地面车辆以及矿山测量领域的发展,机械转子陀螺开始迅猛发展,精密的液浮陀螺和动调陀螺因可靠性高、制造技术完备的优点在现代的定向、稳定和导航系统中获得广泛使用。然而,现在的一些应用领域要求陀螺不但能在复杂使用条件下保证工作精度、可靠性、启动时间和寿命,还要不断减小体积,降低系统成本,所以,传统陀螺将逐渐失去原有地位,让位于诸如光学陀螺、振动(微机械)陀螺、固体波动陀螺及其他类型的新一代陀螺。

20 世纪 80 年代中期研发出的固体波动陀螺可以满足当前的应用需求,其工作原理基于弹性波的惯性效应。该效应是 19 世纪末英国物理学家 J. 布莱恩研究薄环在旋转基座上弯曲振动的波图时发现的。薄环的旋转角速率 Ω 与驻波的旋转角速率 $\widetilde{\Omega}$ 不同,它们之间存在如下的简单关系:

$$\widetilde{\Omega} = BF \cdot \Omega \tag{B.1}$$

式中:BF 为布莱恩系数。

换句话说,基座旋转时驻波相对于环的运动可以用惯性哥氏力的作用来解释。布莱恩通过观察显微镜下旋转小桌上薄壁酒杯边缘的振动验证了自己的计算。驻波转数(通过统计出现在显微镜视野中的波腹或波节的数量得出)总是少于酒杯的实际转数,即驻波的旋转角速率小于振动基座的旋转角速率。

布莱恩研究的是运动的特例——振动环的匀速旋转。20 世纪 60 年代 D. 林奇验证了该效应也适用于旋转角速率变化的环。稍后,B. Ф. 茹拉夫列夫与 Д. M. 科里莫夫理论证明了布莱恩效应对于基座的任意旋转定律均是成立的。驻波相对于环形谐振子的转角 $\varphi(t)$ 可以用下面公式表示:

$$\varphi(t) = -\frac{2}{1+k^2} \int_0^t \Omega(\tau) \, \mathrm{d}\tau \tag{B.2}$$

1

式中:k 为决定环振动模态的参数。

利用布莱恩效应可以构建角速率传感器(B.1)和角位移传感器(B.2)。因为驻波的波节和波腹相对于环的位置与环的角位移相关,所以,可以通过测量波节和波腹的位置变化 $\varphi(t)$ 求出角速率 $\Omega(t)$。要计算载体相对于惯性空间的任意角运动,就需要敏感轴相互垂直布置的三个传感器。于是,载体的角位置信息可由以下表达式描述:

$$\int_0^t \Omega_j(\tau)\mathrm{d}\tau = -\frac{k^2+1}{2}\varphi_j(t), \quad j=1,2,3 \qquad (B.3)$$

固体波动陀螺结构上采用薄壁半球谐振子或筒形谐振子,这些谐振子唇沿的振动与薄环的振动相同,符合同一定律。

图 B.1 为 20 世纪 80 年代初美国 Delco Electronics 公司研发的著名固体波动陀螺的结构示意图。其主要部件为高品质因数的石英玻璃薄壁半球谐振子,测量基座上的电容传感器和激励组件上的激励元件,它们共同完成驻波参数的测量和振动控制,固体波动陀螺这三个主要部件之间焊接连接,陀螺组装后内部抽真空,有专门的电子线路控制固体波动陀螺中的所有过程并形成输出信息。

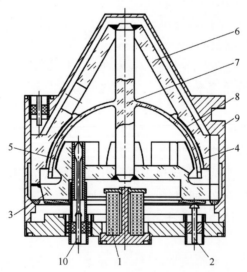

图 B.1 Delco Electronics 公司的固体波动陀螺结构示意图

1—吸气装置;2—气密引脚;3—测量基座;4—电容式控制电极;5—电容传感器;
6—激励组件;7—谐振子;8—环形电极;9—真空罩;10—同轴气密导管。

因没有旋转转子,固体波动陀螺具备一系列优点:

(1) 工作寿命长;

2

（2）精度高、随机误差小；

（3）抗恶劣环境稳定性高（比如高低温、超载、振动、γ辐射方面的稳定性）；

（4）体积、重量和功耗相对较小；

（5）具有短时断电时保存惯性信息的功能。

该陀螺在试验过程中表现出了很高的精度：随机漂移速度分量≤0.005°/h。20世纪90年代初美国制造出了基于固体波动陀螺的首台航空用捷联惯性导航系统，而较晚的一些型号产品通常也都是基于上面的这个结构研发的。

与此同时，只有满足一系列条件才能达到很高的陀螺指标：固体波动陀螺的谐振子应具备很高的品质因数、弹性质量对称，主要部件间的间隙应一致性很好。对仪表内部的真空度、控制电路的性能、输出信息的处理方法都有苛刻的要求。这些特殊要求以及特殊的生产工艺阻碍了这个颇具前景的陀螺的推广应用。

基于各个国家长期积累的研制经验，国际上形成了固体波动陀螺发展的两个主要方向：

（1）制造基于高品质因数的石英玻璃谐振子的高精度固体波动陀螺。这种类型的仪表需要采用一系列精密技术，成本高，应用领域受限，通常用在宇航装备上。

（2）制造普通应用的便宜的低精度固体波动陀螺（随机漂移速率1~100°/h）。通过一系列结构和工艺简化降低成本。

根据谐振子制造材料的内摩擦特点，低精度方向又分成两个子方向。需要指出的是，刚体中的内摩擦可理解为弹性振动能量向热能各种机理的转化。内摩擦 ζ 从量上看是一个无量纲的值，等于某部分刚体在一个周期内耗散的能量 ΔW 比上这部分存储的形变能量 W 与 2π 的乘积：

$$\zeta = \frac{\Delta W}{2\pi W} \tag{B.4}$$

衡量内摩擦还经常采用其他参数：如品质因数 Q，衰减时间 τ，衰减比 ψ。这些参数之间有如下简单的关系：

$$\zeta = Q^{-1} = \frac{1}{\pi f \tau} = \frac{\psi}{\pi} \tag{B.5}$$

式中：f 为振动频率（Hz）。

某些晶体以及纯净的石英玻璃的内摩擦等级很低，但晶体材料因硬度很高和弹性各向异性,不宜用在固体波动陀螺谐振子的生产中。实质上,弹性各向同性好的高品质因数谐振子只能用石英玻璃制得,而用这种高精度的石英谐振子可以制造出高精度的固体波动陀螺,包括金属在内的其他材料的内摩擦等级会高2~3个数量级,这些材料的谐振子(以至于固体波动陀螺)的精度指标都不好,但是这种固体波动陀螺的成本低,还是可以占据相应的导航设备市场。

固体波动陀螺工作原理还适用于各种微机械振动陀螺。虽然现在这些微机械振动陀螺的精度还不高,但其具有尺寸小、成本低、适于批量生产、生产工艺完备等优势,应用前景广泛。

近10年间,国际上出版了大量关于固体波动陀螺建模、设计、信号处理及应用和陀螺系统方面的专著、文章、报告、学位论文及专利。出版数量稳定增长,这说明了运载体定向、稳定及导航系统市场对该型仪表的旺盛需求。然而,现在几乎还没有系统阐述固体波动陀螺的理论建模问题以及与理论相结合的设计与技术问题的相关著作。

本书作者力求向读者阐释固体波动陀螺最重要的理论问题、主要的生产工艺过程、电子线路设计问题及输出信息的处理方法。本书是早期出版的专著的进一步拓展。

第1章　固体波动陀螺的基础理论

通常情况下,固体波动陀螺有两种结构类型:简化环型和旋转薄壳型。但近年来敏感部件采用弹性薄环的微型固体波动陀螺得到了较广泛的发展。本章重点研究固体波动陀螺的动力学,1.3节简要研究半球形和筒形谐振子的数学模型。

1.1　理想固体波动陀螺的数学模型

1.1.1　环形固体波动陀螺的工作原理

利用环形固体波动陀螺的数学模型来研究固体波动陀螺的工作原理是比较方便的方法。为此,从谐振子边缘截取一个具有有限截面的半径为 R 的圆环,并认为该环形谐振子的中心与仪表基座是刚性连接的。

在环形谐振子上激起 k 阶振型的弹性驻波。图 1.1(a)所示为 $k=2$ 时的驻波形式,该驻波振动最大点(也是最大半径)(波腹)在仪表壳体坐标系 XOY 中处于 φ_0 位置。当仪表壳体以 Ω 角速率旋转时,波腹方位角的变化规律为

$$\varphi(t) = \varphi_0 - \frac{2}{k^2 + 1} \int_0^t \Omega(\tau) \, \mathrm{d}\tau \tag{1.1}$$

驻波沿圆周角的位移与刚体的位移类似,均有惯性特性。但由式(1.1)可知,驻波在惯性空间的转角小于仪表壳体的转角,并且在 φ_0 已知的情况下,角度 $\varphi(t)$ 可表述基座转角的大小,关系式为

$$\varphi(t) - \varphi_0 = -\frac{2}{k^2 + 1} \int_0^t \Omega(\tau) \, \mathrm{d}\tau \tag{1.2}$$

类似条件下,绕垂直轴旋转的刚体在无摩擦的情况下会相对于基座转动一个角度,转动角度为

$$\varphi(t) - \varphi_0 = -\int_0^t \Omega(\tau) \, \mathrm{d}\tau \tag{1.3}$$

式(1.2)和式(1.3)的区别在于标度因数(进动系数或布莱恩系数)不同:

$$BF = \frac{2}{k^2+1} < 1, \quad k = 2,3,\cdots$$

图 1.1(b)可以详细解释产生进动(布莱恩效应)的机理。驻波的波腹点位于 A、B、C、D 上,在半球壳转动时,驻波上的这些点做如下复杂运动:分别是速度为 V_A、V_B、V_C、V_D 的相对线运动和角速率为 Ω 的牵连运动。微小质量单元在 A、B、C、D 点上产生的哥氏加速度分别用 W_{KA}、W_{KB}、W_{KC}、W_{KD} 表示,点 A、C 和 B、D 上所施加的哥氏惯性力 P_{KA}、P_{KC} 和 P_{KB}、P_{KD} 方向相反并形成力偶。力偶 P_{KA}、P_{KC} 和 P_{KB}、P_{KD} 方向相反,合成等效的哥氏惯性力偶,其模量正比于基座的旋转角速度,该力偶会引起驻波相对于谐振子壳体和在惯性空间的进动。

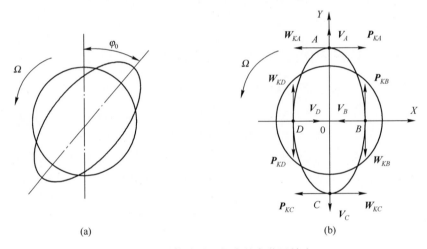

(a)   (b)

图 1.1   固体波动陀螺中的布莱恩效应
(a)二阶振型驻波的方位角;(b)产生进动的机理。

在环形谐振子中可能同时存在几种振型的弹性振动,编号分别为 $k=2$,3,$\cdots$,在这种情况下,可以形成几种独立的基座旋转角速度测试方法,换算公式为(1.2),进动系数为

$$BF = \frac{2}{k^2+1} \tag{1.4}$$

二阶振型($k=2$)通常用作工作模式,因为它是半球形谐振子固有弯曲振动的低阶模态(图 1.2(c))。零阶振型($k=0$)相当于拉伸-压缩振动,在研究固体波动陀螺的动力学时不予考虑,这是因为谐振子的拉伸变形与弯

曲变形相比很小(图 1.2(a))。一阶振型($k=1$)对应于谐振子作为刚体平移运动,在解算固体波动陀螺运动方程时必须考虑,并考虑谐振子支架的变形(图 1.2(b))。

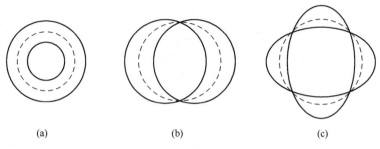

(a)   (b)   (c)

图 1.2　谐振子的低阶固有振型
(a) $k=0$;(b) $k=1$;(c) $k=2$。

1.1.2　理想环形固体波动陀螺的动力学

研究弹性环动力学的意义不只是近似研究固体波动陀螺谐振子轴对称薄壳中动态过程的一种方法,环形谐振子也直接用作微机电陀螺系统的敏感部件,可以借助于内部或外部弹性支承实现固定(图 1.3)。

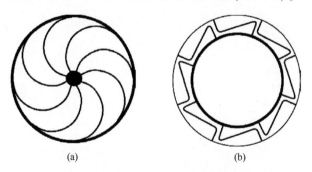

(a)   (b)

图 1.3　带有内支承和外支承的环形谐振子
(a) 从里到外的环形谐振子;(b) 内部悬空的环形谐振子。

此外,环形数学模型对于研究筒形谐振子的固体波动陀螺来说是比较理想的。随着筒形谐振子的高度与半径比不断增大,其进动系数在一定范围内趋近于环形谐振子的进动系数。

圆环的振动问题是各种带有圆形旋转组件的结构件的一项振动研究内容。

现在来研究一下任意圆周角 φ 下,当 $\Delta\varphi$ 值很小时所形成的环形谐振子单元的主要几何关系。

假设用线段 aa_1 表示未变形的谐振子单元(图1.4)。

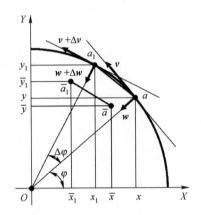

图 1.4　环形谐振子的几何解析

该线段在惯性坐标系 XOY 中的起点和终点坐标值为

$$x=R\cos\varphi,\quad y=R\sin\varphi,\quad x_1=R\cos(\varphi+\Delta\varphi),\quad y_1=R\sin(\varphi+\Delta\varphi) \quad (1.5)$$

单元的线段 aa_1 长度可表示为

$$\Delta s=\sqrt{(x_1-x)^2+(y_1-y)^2} \quad (1.6)$$

将式(1.5)代入式(1.6)中,对于小角度 $\Delta\varphi$,近似可得

$$\Delta s\approx R\Delta\varphi \quad (1.7)$$

在谐振子存在形变的情况下,其单元 aa_1 的位置为 $\overline{aa_1}$,这时该段起点沿轴线的切向和法向产生正向变形位移,为 v 和 w,而该段终点沿轴线的切向和法向产生正向变形位移,为 $v+\Delta v$ 和 $w+\Delta w$,$\overline{aa_1}$ 段的起点和终点坐标及长度可表示为

$$\overline{x}=R\cos\varphi-v\sin\varphi-w\cos\varphi,\quad \overline{y}=R\sin\varphi+v\cos\varphi-w\sin\varphi$$

$$\overline{x}_1=R\cos(\varphi+\Delta\varphi)-(v+\Delta v)\sin(\varphi+\Delta\varphi)-(w+\Delta w)\cos(\varphi+\Delta\varphi) \quad (1.8)$$

$$\overline{y}_1=R\sin(\varphi+\Delta\varphi)+(v+\Delta v)\cos(\varphi+\Delta\varphi)-(w+\Delta w)\sin(\varphi+\Delta\varphi)$$

$$\overline{\Delta s}=\sqrt{(\overline{x}_1-\overline{x})^2+(\overline{y}_1-\overline{y})^2} \quad (1.9)$$

要注意的是,当 $\Delta\varphi\to0$ 时,$\Delta v\approx v'\Delta\varphi$,$\Delta w\approx w'\Delta\varphi$,$\cos\Delta\varphi\approx1$,$\sin\Delta\varphi\approx\Delta\varphi$,那么,由式(1.8)可得

$$\overline{\Delta s}\approx\Delta\varphi\sqrt{(R+v'-w)^2+(v+w')^2} \quad (1.10)$$

这里及后面用"'"表示对角度 φ 的求导,而 v 和 w 的坐标采取环形谐振子的广义坐标。

后面,假设谐振子变形时其中心线不可拉伸,即满足条件:

$$\Delta s = \overline{\Delta s} \tag{1.11}$$

联立式(1.7)和式(1.10)可得

$$(R+v'-w)^2+(v+w')^2=R^2 \tag{1.12}$$

对不可拉伸条件式(1.11)线性化,可得下面关系式:

$$v'=w \tag{1.13}$$

当谐振子中心线的圆周平面产生形变时,其上每一点的切线的转角为

$$\psi = \psi_1 + \psi_2 \tag{1.14}$$

式中:ψ_1 为由于切向变形引起的切线方向的转角,它与截面位移 v 有关;ψ_2 为由于径向变形引起的切线方向的转角,它与长度为 $R\Delta\varphi$ 的小段两端在径向的位移差有关。

对于小角度值 ψ_1、ψ_2,得到

$$\psi_1 \approx \frac{v}{R}, \quad \psi_2 \approx \frac{1}{R}w'$$

那么,式(1.14)变为

$$\psi = \frac{1}{R}(v+w') \tag{1.15}$$

式(1.15)中的这一转角正是驻波引起环变形时在其横截面中形成弹性力矩的起因。

当形变引起的相对速度为 $\dot{v}$、$\dot{w}$ 时,需要确定环形谐振子在轴向中心线上任一点的主要动力学关系,暂且认为基座的旋转角速度为零,即 $\Omega=0$。

当 v、w 很小时,计算谐振子中心线上绝对点的切向分量 $v_\parallel$ 和径向分量 $v_\perp$,可得

$$
\begin{aligned}
v_\parallel &= \dot{v}+\Omega(R-w) \\
v_\perp &= \dot{w}+\Omega v
\end{aligned}
\tag{1.16}
$$

式中:(·)为时间导数;R 为环的中性面半径。

为了导出环形谐振子的动力学方程,需要运用拉格朗日方法。由于谐振子的广义坐标 v、w 是两个独立变量 t、φ 的函数,所以首先要确定拉格朗日方程本身,为此要研究一下环形结构的动能与势能,能量密度(单位角度上的值)可表示为

$$T = \frac{1}{2}\rho S(v_\parallel^2+v_\perp^2) = \frac{1}{2}\rho S(\dot{v}^2+\dot{w}^2), \quad \Pi = \frac{EJ}{2}\chi^2 \tag{1.17}$$

式中:ρ 为环形材料的密度;S 为环的横截面积;E 为材料的弹性模量;J 为环

的横截面相对于旋转轴的惯性矩；χ 为环的中性层曲率的变化率。

考虑式(1.15)，有

$$\chi = \frac{1}{R}\psi' = \frac{1}{R^2}(v' + w'') \qquad (1.18)$$

$$\Pi = \frac{EJ}{2R^4}(v' + w'')^2 \qquad (1.19)$$

方程组的拉格朗日算子可表示为

$$L = \frac{T - \Pi}{\rho S} = \dot{v}^2 + \dot{w}^2 - \kappa^2(v' + w'')^2 \qquad (1.20)$$

式中：$\kappa^2 = \dfrac{EJ}{\rho SR^4}$。

由拉格朗日函数和约束方程式(1.13)可以形成双重定积分：

$$I = \int_{\varphi_1}^{\varphi_2}\int_{t_1}^{t_2}\left(L(\dot{v},\dot{w},v',w'') + \lambda(t,\varphi)f(v',w)\right)\mathrm{d}t\mathrm{d}\varphi \qquad (1.21)$$

式中：$\lambda(t,\varphi)$ 为不确定的拉格朗日因子；$f(v',w) = v' - w = 0$。

根据哈密顿原理，系统从给定的初始状态 (φ_1,t_1) 向确定的最终状态 (φ_2,t_2) 的实际运动中，式(1.21)具有最小值。位移 v、w 是系统的广义坐标，因此，式(1.21)的最小值对于这些变量的偏微分有

$$\delta I(\delta v,\delta w) = 0$$

式中：δ 为函数或变量的增量。

将最后的表达式展开，有

$$\delta I = \int_{\varphi_1}^{\varphi_2}\int_{t_1}^{t_2}\left(\frac{\partial L}{\partial \dot{w}}\delta\dot{v} + \frac{\partial L}{\partial \dot{v}}\delta\dot{w} + \frac{\partial L}{\partial v'}\delta v' + \right.$$

$$\left. \frac{\partial L}{\partial w''}\delta w'' + \lambda\frac{\partial f}{\partial v'}\delta v' + \lambda\frac{\partial f}{\partial w}\delta w\right)\mathrm{d}t\mathrm{d}\varphi = 0 \qquad (1.22)$$

利用分步积分，并注意在确定的起始点和终点的偏微分等于零，变换方程式(1.22)，得到

$$\int_{\varphi_1}^{\varphi_2}\int_{t_1}^{t_2}\left[\left(\frac{\mathrm{d}}{\mathrm{d}t}\frac{\partial L}{\partial \dot{v}} + \frac{\mathrm{d}}{\mathrm{d}\varphi}\frac{\partial L}{\partial v'} + \frac{\mathrm{d}}{\mathrm{d}\varphi}\left(\lambda\frac{\partial f}{\partial v'}\right)\right)\delta v \right.$$

$$\left. + \left(\frac{\mathrm{d}}{\mathrm{d}t}\frac{\partial L}{\partial \dot{w}} - \frac{\mathrm{d}^2}{\mathrm{d}\varphi^2}\frac{\partial L}{\partial w''} - \lambda\frac{\partial f}{\partial w}\right)\delta w\right]\mathrm{d}t\mathrm{d}\varphi = 0$$

如果积分符号下的表达式是 δv、δw 变换式中的余因子，并等于零，则满足最后一个条件。最终得到弹性环形谐振子的拉格朗日方程为

10

$$\frac{\mathrm{d}}{\mathrm{d}t}\frac{\partial L}{\partial \dot{v}}+\frac{\mathrm{d}}{\mathrm{d}\varphi}\frac{\partial L}{\partial v'}+\frac{\mathrm{d}}{\mathrm{d}\varphi}\left(\lambda\frac{\partial f}{\partial v'}\right)=0$$

$$\frac{\mathrm{d}}{\mathrm{d}t}\frac{\partial L}{\partial \dot{w}}-\frac{\mathrm{d}^2}{\mathrm{d}\varphi^2}\frac{\partial L}{\partial w''}-\lambda\frac{\partial f}{\partial w}=0 \tag{1.23}$$

将拉格朗日函数式(1.20)代入方程(1.23)中,并考虑式(1.13),可得

$$\ddot{v}-\kappa^2(w'''+v'')+\lambda'=0$$

$$\ddot{w}+\kappa^2(w^{\mathrm{IV}}+v''')+\lambda=0 \tag{1.24}$$

利用方程(1.24)和约束方程(1.13)可以完全描述环形谐振子的固有运动。

式(1.24)中的第二个方程对 φ 求微分,并从第一个方程中减去,把该差值再一次对 φ 求微分,并借助式(1.13)消去 v,可得

$$\ddot{w}''-\ddot{w}+\kappa^2(w^{\mathrm{VI}}+2w^{\mathrm{IV}}+w'')=0 \tag{1.25}$$

这样得到了描述弹性环径向形变的变量 w 的单变量微分方程。

在静基座方程(1.25)的基础上可以得到 $\Omega\neq0$ 时($\Omega^2\ll1$, $\dot{\Omega}\ll1$)类似的谐振子振动动力学方程:

$$\ddot{w}''-\ddot{w}+4\Omega\dot{w}'+\kappa^2(w^{\mathrm{VI}}+2w^{\mathrm{IV}}+w'')=0 \tag{1.26}$$

在分析环形谐振子的运动时,可以使用无量纲时间 $\tau=\kappa t$ 和无量纲的基座旋转角速率 $\varpi=\Omega/\kappa$:

$$\ddot{w}''-\ddot{w}+4\varpi\dot{w}'+w^{\mathrm{VI}}+2w^{\mathrm{IV}}+w''=0 \tag{1.27}$$

式中:时间导数按无量纲时间 τ 计算。

为了得到动力学方程的唯一解,必须补充初始条件和圆周角 φ 周期性的条件,例如:

$$w(\varphi,0)=a_0,\quad \dot{w}(\varphi,0)=0,$$

$$w^{(l)}(0,t)=w^{(l)}(2\pi,t),\quad l=0.5 \tag{1.28}$$

一般情况下,基座的旋转角速度包含在方程(1.27)中作为随时间变化的系数。因此,基座本身的旋转不会导致环形谐振子的弹性振动。但是,若某个外部作用在谐振子中激励起弹性波,接下来的谐振子动力学方程则与基座的旋转有关,从而可用作惯性敏感器。

1. 利用谐波平衡理论解动力学方程

通过求解式(1.27)和式(1.28)来确定环形谐振子中驻波的参数。方程的解相应为相互独立的函数的集合,其形式为

$$w(\varphi,\tau)=a(\tau)\cos(2(\varphi-\varphi_0)+\alpha(\tau)) \tag{1.29}$$

式中:$a(\tau)$为驻波的径向振幅;$\alpha(\tau)$为驻波的相位。

把式(1.29)代入式(1.27)中,可得

$$-(5\ddot{a}+(36+4\varpi^2+8\varpi\dot{\alpha}-5\dot{\alpha}^2)a)\cos\beta +$$
$$(2(5\dot{\alpha}-4\varpi)\dot{a}+(5\ddot{\alpha}-4\dot{\varpi})a)\sin\beta = 0 \qquad (1.30)$$

式中:$\beta = 2(\varphi-\varphi_0)+\alpha$。

等式(1.30)成立的条件是

$$2\dot{a}(5\dot{\alpha}-4\varpi)+a(5\ddot{\alpha}-4\dot{\varpi}) = 0$$

或

$$\alpha(\tau) = \frac{4}{5}\int_0^\tau \varpi(s)\,\mathrm{d}s \qquad (1.31)$$

那么解下面的方程可以得到振幅 $a(\tau)$:

$$5\ddot{a}+\left(36+\frac{36}{5}\varpi^2\right)a = 0 \qquad (1.32)$$

现在研究一下方程(1.32)的特殊情况。基座没有旋转时($\varpi = 0$),可以得到带有常数的方程:

$$5\ddot{a}+36a = 0 \qquad (1.33)$$

当初始条件 $a(0) = a_0,\dot{a}(0) = 0$ 时

其解为

$$a(\tau) = a_0\cos\mu_2\tau \qquad (1.34)$$

式中:$\mu_2 = 6/\sqrt{5}$ 为未旋转谐振子二阶弹性振动的无量纲形式的固有频率。

驻波振动频率的量纲形式按下式计算:

$$\omega_2 = \kappa\mu_2 = 6\sqrt{\frac{EJ}{5\rho SR^4}}$$

将式(1.31)、式(1.34)代入式(1.29)中,对于静基座取 $\alpha(\tau) = 0$,得到

$$w(\varphi,\tau) = a_0\cos\mu_2\tau\cos2(\varphi-\varphi_0) \qquad (1.35)$$

解式(1.35)可得,驻波波腹的角位置为

$$\varphi^* = \varphi_0+(m-1)\pi, \quad m = 1,2$$

式中:φ_0 为初始角,它对应初始振动的激励方向。

当基座以固定的角速度 $\varpi = \varpi_0 =$ 常数旋转时,式(1.27)的解有如下形式:

$$w(\varphi,\tau) = a(\tau)\cos\left(2(\varphi-\varphi_0)+\frac{4}{5}\varpi_0\tau\right) \qquad (1.36)$$

式中：$a(\tau) = a_0 \cos \tilde{\mu}_2 \tau$；$\tilde{\mu}_2 = \sqrt{\mu_2^2 + \frac{16}{25}\varpi_0^2}$。

从上面的公式中可以看出，基座的固定转速既会改变基座的固有振动频率 $\tilde{\mu}_2$，也会改变驻波的空间位置。因此，通过测量驻波的振动频率可以得出基座旋转的相关信息。但是，主要的测量方式是测量驻波波腹相对于仪表壳体的位置。由式（1.36）还可得出，驻波波腹存在的条件为

$$\cos\left(2(\varphi - \varphi_0) + \frac{4}{5}\varpi_0\tau\right) = 1$$

即

$$\varphi^* = \varphi_0 + (m-1)\pi - \frac{2}{5}\varpi_0\tau, \quad m = 1, 2 \qquad (1.37)$$

通过测量仪表壳体坐标系中的角度 φ，可以得到有关基座转速 ϖ_0 或是基座转角 $\alpha_0 = \varpi_0\tau$ 的信息。

驻波相对于惯性空间的转速为

$$\dot{\varphi}^*(\tau) = \frac{3}{5}\varpi_0 \qquad (1.38)$$

式（1.38）示出了谐振子中驻波的惯性特性，它在惯性空间的转速是基座转速的 60%。

基座以任意角速度旋转时（$\varpi(\tau) \neq$ 常值），式（1.29）解中的函数 $\alpha(\tau)$ 由式（1.31）求出。这种情况下仍然有可能根据驻波的角位置测量出旋转，即

$$\varphi(\tau) = \varphi_0 + (m-1)\pi - \frac{2}{5}\int_0^\tau \varpi(s)\,\mathrm{d}s \qquad (1.39)$$

此时，函数 $\alpha(\tau)$ 由线性非稳态方程（1.27）的解来求出。

2. 利用布勃诺夫–加廖尔金法解动力学方程

现在来研究可用于求解理想的未拉伸旋转环的自由振动方程的布勃诺夫–加廖尔金法：

$$\ddot{w}'' - \ddot{w} + \kappa^2(w^{\mathrm{VI}} + 2w^{\mathrm{IV}} + w'') = 0 \qquad (1.40)$$

式（1.40）是对于空间变量的六阶方程和对于时间的二阶方程，因此必须给出 6 个边界条件和 2 个初始条件。如果认为振动相位不太重要，可以只给出边界条件。对于环就是 6 个周期性条件（式 1.28），通常满足这些条件的是以下的三角基础函数：

$$\{1, \cos\varphi, \sin\varphi, \cos2\varphi, \sin2\varphi, \cdots, \cos n\varphi, \sin n\varphi, \cdots\} \qquad (1.41)$$

13

现在研究二阶(主要)振型。在这种情况下,式(1.41)中只剩下两个函数:$\cos2\varphi$ 和 $\sin2\varphi$,那么所求函数 w 展开成级数的形式为

$$w(\varphi,t)=a(t)\sin2\varphi+b(t)\cos2\varphi \tag{1.42}$$

式中:$a(t)$,$b(t)$ 为与时间有关的未知系数。

根据布勒诺夫-加廖尔金法,应使空间基础函数 $\cos2\varphi$ 和 $\sin2\varphi$ 与式(1.40)左边部分的标量乘积等于零,即

$$\begin{cases} \int_0^{2\pi}(\ddot{w}''-\ddot{w}+\kappa^2(w^{\mathrm{VI}}+2w^{\mathrm{IV}}+w''))\cos2\varphi\mathrm{d}\varphi=0 \\ \int_0^{2\pi}(\ddot{w}''-\ddot{w}+\kappa^2(w^{\mathrm{VI}}+2w^{\mathrm{IV}}+w''))\sin2\varphi\mathrm{d}\varphi=0 \end{cases} \tag{1.43}$$

将式(1.42)替代 w 代入式(1.43)中,经过积分得到常用微分方程组形式为

$$\begin{cases} \ddot{a}+\dfrac{36\kappa^2}{5}a=0 \\ \ddot{b}+\dfrac{36\kappa^2}{5}b=0 \end{cases} \tag{1.44}$$

方程组(1.44)描述了具有如下相同固有频率的两个谐振器:

$$\omega_2=\frac{6\kappa}{\sqrt{5}} \tag{1.45}$$

近似解的形式为

$$w(\varphi,t)=(A_2\sin\omega_2 t+B_2\cos\omega_2 t)\sin2\varphi+(C_2\sin\omega_2 t+D_2\cos\omega_2 t)\cos2\varphi \tag{1.46}$$

由此可见,环形谐振子的振动可以用圆周角和相位正交的两个驻波之和的形式表示。

类似地,对于三阶振型有

$$\omega_3=\frac{24}{\sqrt{10}}\kappa$$

$$w(\varphi,t)=(A_3\sin\omega_3 t+B_3\cos\omega_3 t)\sin3\varphi+(C_3\sin\omega_3 t+D_3\cos\omega_3 t)\cos3\varphi$$

环形谐振子的任意振动都是无数下列形式固有振动的和:

$$w(\varphi,t)=\sum_{k=1}^{\infty}(a_k(t)\sin k\varphi+b_k(t)\cos k\varphi) \tag{1.47}$$

3. 固体波动陀螺的谐振子可以看作是广义的傅科摆

在基座转速不为零的情况下,式(1.26)代替式(1.40)有

$$\ddot{w}''-\ddot{w}+4\Omega\dot{w}'+\kappa^2(w^{\mathrm{VI}}+2w^{\mathrm{IV}}+w'')=0$$

这种情况下,式(1.42)的系数从下式求解:

$$\begin{cases} \ddot{a} - \dfrac{8}{5}\Omega\dot{b} + \dfrac{36\kappa^2}{5}a = 0 \\ \ddot{b} + \dfrac{8}{5}\Omega\dot{a} + \dfrac{36\kappa^2}{5}b = 0 \end{cases} \tag{1.48}$$

引入复数

$$z = a + \mathrm{i}b$$

得到方程:

$$\ddot{z} + 2\mathrm{i}\beta\dot{z} + \omega_2^2 z = 0 \tag{1.49}$$

式中:$\beta = 0.2\Omega$。

解式(1.49),有

$$z(t) = \mathrm{e}^{-\mathrm{i}\beta t}(C_1\mathrm{e}^{\mathrm{i}\omega_i t} + C_2\mathrm{e}^{-\mathrm{i}\omega_i t}) \tag{1.50}$$

式中:C_1、C_2 为由初始条件决定的复数。

由式(1.49)可以看出,固体波动陀螺振动引起的进动角速度为

$$\dot{\vartheta} = -0.4\Omega \tag{1.51}$$

取平面笛卡儿坐标系,并研究坐标按照下列规律变化的点轨迹:

$$x = a(t), \quad y = b(t)$$

如果基座的旋转角速度 Ω 为常数,$a(t)$、$b(t)$ 按谐波定律变化,那么平面上点的轨迹是利萨如图形(图1.5)。式(1.42)中波动过程的特性会影响利萨如图形的形状,如果式(1.42)是纯驻波,那么该图形呈现为线段(图1.5(a)),如果谐振子边缘上的振动过程是纯行波,那么利萨如图形是个圆(图1.5(b))。

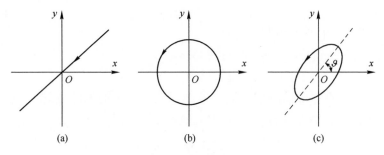

图1.5 利萨如图形

如果式(1.42)是在旋转谐振子中激发的驻波,利萨如图形会呈椭圆形状,其主轴相对于坐标系的方位改变,且该椭圆的一个主轴相对于 Ox 轴的

倾角为 2ϑ,这里 ϑ 为驻波波腹相对于谐振子的当前方位角(图 1.5(c))。

固体波动陀螺谐振子中驻波的进动与傅科摆的运动相似,现在研究磁场中的摆(图 1.6)。

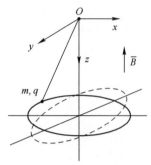

图 1.6 磁场中的摆

假设质量为 m、带电量为 q 的小球悬挂在长度为 L 的极轻不可拉伸的线上,并放到均匀磁场中,其磁感应强度为 $\overline{B}$,方向垂直向上。

假设摆在水平面内运动,可以写出运动方程为

$$\begin{cases} \ddot{x} - 2\beta\dot{y} + \omega_0^2 x = 0 \\ \ddot{y} + 2\beta\dot{x} + \omega_0^2 y = 0 \end{cases} \tag{1.52}$$

式中:x、y 为小球在平面 Oxy 上的投影坐标;$\beta = qB/(2m)$;$\omega_0 = \sqrt{g/l}$ 为固有振荡频率;g 为自由落体加速度。

再次引入复数 $z = x + \mathrm{i}y$,可得方程:

$$\ddot{z} + 2\mathrm{i}\beta\dot{z} + \omega_0^2 z = 0 \tag{1.53}$$

其解为

$$z(t) = \mathrm{e}^{-\mathrm{i}\beta t}(C_1 \mathrm{e}^{\mathrm{i}\omega_0 t} + C_2 \mathrm{e}^{-\mathrm{i}\omega_0 t}) \tag{1.54}$$

式中:C_1、C_2 为由初始条件决定的复数。

摆的振荡轨迹方位改变,变化速度为

$$\beta = qB/(2m) \tag{1.55}$$

摆振荡轨迹方位的改变与固体波动陀螺谐振子波场的旋转类似。

4. 用傅里叶方法解动力学方程

现在来研究下面的环形谐振子动力学方程:

$$\ddot{w}'' - \ddot{w} + 4\Omega\dot{w}' + \kappa^2(w^{\mathrm{VI}} + 2w^{\mathrm{IV}} + w'') = 0 \tag{1.56}$$

初始条件为

$$w(\varphi, 0) = a_0(\varphi), \quad \dot{w}(\varphi, 0) = a_1(\varphi) \tag{1.57}$$

对于自变量 φ,从原型 $w = w(\varphi, t)$ 转为傅里叶形式 $W = W(s, t)$:

$$W(s,t) = \frac{1}{\sqrt{2\pi}} \int_0^{2\pi} w(\varphi,t) \, \mathrm{e}^{-i\varphi s} \, \mathrm{d}\varphi$$

运用傅里叶变换,替代式(1.56)中的偏导数微分方程,可以得到普通微分方程:

$$\ddot{W} + 4\Omega \mathrm{i} \frac{s}{s^2+1} \dot{W} + \kappa^2 \frac{(s^2-1)^2 s^2}{s^2+1} W = 0 \qquad (1.58)$$

初始条件为

$$W(s,0) = \hat{a}_0(s), \quad \dot{W}(s,0) = \hat{a}_1(s) \qquad (1.59)$$

式中: $\hat{a}_j(s) = \dfrac{1}{\sqrt{2\pi}} \displaystyle\int_0^{2\pi} a_j(\varphi) \mathrm{e}^{-i\varphi s} \mathrm{d}\varphi$, $j = 0,1$。

式(1.58)的解为

$$W(s,t) = \mathrm{e}^{-i\beta(s)t} \left(C_1(s) \mathrm{e}^{it\sqrt{\omega^2(s)+\beta^2(s)}} + C_2(s) \mathrm{e}^{-it\sqrt{\omega^2(s)+\beta^2(s)}} \right) \qquad (1.60)$$

式中: $C_1(s)$ 、 $C_2(s)$ 为不确定函数。

$$\beta(s) = \Omega \frac{2s}{s^2+1}, \quad \omega(s) = \kappa \frac{(s^2-1)s}{\sqrt{s^2+1}}$$

当 $\Omega^2 \ll 1$ 时,近似写为

$$W(s,t) = \mathrm{e}^{-i\beta(s)t} \left(C_1 \mathrm{e}^{it\omega(s)} + C_2 \mathrm{e}^{-it\omega(s)} \right) \qquad (1.61)$$

由初始条件式(1.59)表达不确定函数 $C_1(s), C_2(s)$,得

$$C_1(s) = \frac{(\omega(s)+\beta(s))\hat{a}_0(s) - i\hat{a}_1(s)}{2\omega(s)},$$

$$C_2(s) = \frac{(\omega(s)-\beta(s))\hat{a}_0(s) + i\hat{a}_1(s)}{2\omega(s)}$$

原式的傅里叶级数形式为

$$w(\varphi,t) = \sum_{s=-\infty}^{\infty} W(s,t) \mathrm{e}^{i\varphi s} \qquad (1.62)$$

对于二阶振型($s = \pm 2$),有

$$w(\varphi,t) = \mathrm{e}^{-i\Omega\frac{4}{5}t} \mathrm{e}^{2i\varphi} \left[C_1(2) \mathrm{e}^{it\frac{6}{\sqrt{5}}\kappa} + C_2(2) \mathrm{e}^{-it\frac{6}{\sqrt{5}}\kappa} \right] +$$

$$\mathrm{e}^{i\Omega\frac{4}{5}t} \mathrm{e}^{-2i\varphi} \left[C_1(-2) \mathrm{e}^{-it\frac{6}{\sqrt{5}}\kappa} + C_2(-2) \mathrm{e}^{it\frac{6}{\sqrt{5}}\kappa} \right]$$

5. 内摩擦和外负载的影响

弹性波使环形谐振子发生形变时伴有克服内摩擦的能量损耗。杰利维-法依格特模型是常用的内耗散机理模型,归纳了在非弹性形变情况时的胡克定律:

17

$$\sigma = E(\varepsilon + \xi\dot{\varepsilon}) \tag{1.63}$$

式中：σ 为应力；ε 为形变；ξ 为描述非弹性松弛衰减时间的无量纲量。

存在摩擦的情况下，建立环形谐振子的动力学方程时利用下面的表达式代替拉格朗日函数(1.20)：

$$L = \frac{1}{\rho S}\left(T - \Pi - \xi\frac{EJ}{R}\frac{\partial\psi}{\partial\varphi}\right)$$

谐振子的有量纲和无量纲形式的动力学方程分别为

$$\ddot{w}'' - \ddot{w} + 4\Omega\dot{w}' + \kappa^2(w^{\mathrm{VI}} + 2w^{\mathrm{IV}} + w'') + \kappa^2\xi(\dot{w}^{\mathrm{VI}} + 2\dot{w}^{\mathrm{IV}} + \dot{w}'') = 0 \tag{1.64}$$

$$\ddot{w}'' - \ddot{w} + 4\,\varpi\dot{w}' + w^{\mathrm{VI}} + 2w^{\mathrm{IV}} + w'' + \xi(\dot{w}^{\mathrm{VI}} + 2\dot{w}^{\mathrm{IV}} + \dot{w}'') = 0 \tag{1.65}$$

如果系数 ξ 很小，那么内摩擦对驻波的空间位置影响很小，只会导致驻波逐渐衰减。假设方程式(1.65)中 $\varpi = 0$(自由振动)，则有

$$\ddot{w}'' - \ddot{w} + w^{\mathrm{VI}} + 2w^{\mathrm{IV}} + w'' + \xi(\dot{w}^{\mathrm{VI}} + 2\dot{w}^{\mathrm{IV}} + \dot{w}'') = 0 \tag{1.66}$$

式(1.66)的解为

$$w(\varphi, \tau) = a(\tau)\cos 2(\varphi - \varphi_0) \tag{1.67}$$

把式(1.67)代入式(1.66)，得

$$\ddot{a} + \xi\frac{36}{5}\dot{a} + \frac{36}{5}a = 0 \tag{1.68}$$

当 $a(0) = a_0, \dot{a}(0) = 0$ 时，式(1.68)的解为幅值按指数衰减的函数：

$$a(\tau) = a_0 e^{-\delta\tau}\cos\mu_2\tau \tag{1.69}$$

式中：$\delta = \dfrac{18}{5}\xi$；$\mu_2 = \sqrt{\dfrac{36}{5} - \left(\xi\dfrac{18}{25}\right)^2}$。

这种情况下，式(1.66)的解由下式求出：

$$w(\varphi, \tau) = a_0 e^{-\delta\tau}\cos\mu_2\tau\cos 2(\varphi - \varphi_0) \tag{1.70}$$

对于基座匀速旋转的情况，有

$$w(\varphi, \tau) = a_0 e^{-\delta\tau}\cos\widetilde{\mu}_2\tau\cos\left(2(\varphi - \varphi_0) + \frac{4}{5}\varpi_0\tau\right) \tag{1.71}$$

并像以前一样，可以按照驻波波腹相对于仪器壳体的位置测量基座的旋转。

品质因数是谐振子的重要指标：

$$Q = \frac{1}{\omega_2\xi} \tag{1.72}$$

式中：ω_2 为二阶弹性振动固有频率。

$$\omega_2 = \kappa\mu_2 = 6\sqrt{\frac{EJ}{5\rho SR^4}}$$

18

对于熔融石英, Q 值为 $10^6 \sim 10^8$。

应通过外部的能量"压送"来补偿由参数 δ 造成的驻波较弱的衰减,可以通过分量为 p_v, p_w 的外部载荷 $p(\varphi, t)$ 进行作用(图 1.7)。

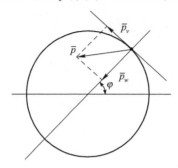

图 1.7　谐振子的能量系数

对环形谐振子的动力学进行分析,并省略中间计算,可以得到有量纲形式的振动方程为

$$\ddot{w}'' - \ddot{w} + 4\Omega\dot{w}' + \kappa^2(w^{\mathrm{VI}} + 2w^{\mathrm{IV}} + w'') + \kappa^2\xi(\dot{w}^{\mathrm{VI}} + 2\dot{w}^{\mathrm{IV}} + \dot{w}'') = \frac{1}{\rho S}(p_w'' - p_v') \quad (1.73)$$

式(1.73)是非理想不可拉伸弹性环的运动方程。该弹性环在自身平面内以角速度 Ω 绕对称轴旋转,并受外部分布式载荷作用。

现在来研究一下带有位置激励系统的环形固体波动陀螺的动力学方程:

$$\ddot{w}'' - \ddot{w} + 4\Omega\dot{w}' + \kappa^2(w^{\mathrm{VI}} + 2w^{\mathrm{IV}} + w'') + \kappa^2\xi(\dot{w}^{\mathrm{VI}} + 2\dot{w}^{\mathrm{IV}} + \dot{w}'')$$
$$= H\cos2(\varphi - \varphi_0)\cos\lambda t \quad (1.74)$$

式中: $H = 2\varepsilon_0 V_0^2 L(\pi d_0^2 \rho S)^{-1}\sin\varphi_3$ 为激励幅值; $\varepsilon_0 = 8.85 \times 10^{-12}$ F/m 为介电常数; V_0 为电压幅值; L 为电极的高度; d_0 为谐振子与电极表面的初始间隙; λ 为激磁频率; φ_3 为激励电极的定位角; φ_0 为第一个电极的方位角。

设谐振状态下 $\lambda = \omega_0$,方程式(1.74)的解可从下式求得:

$$w(\varphi, t) = p(t)\cos2\varphi + q(t)\sin2\varphi \quad (1.75)$$

运用布勃诺夫-加廖尔金法求解,得到方程组:

$$\begin{cases} \ddot{p} + \omega_0^2\xi\dot{p} + \omega_0^2 p - \dfrac{8}{5}\Omega\dot{q} = -\dfrac{1}{5}H\cos2\varphi_0\cos\omega_0 t \\[3mm] \ddot{q} + \omega_0^2\xi\dot{q} + \omega_0^2 q + \dfrac{8}{5}\Omega\dot{p} = -\dfrac{1}{5}H\sin2\varphi_0\cos\omega_0 t \end{cases} \quad (1.76)$$

同样,函数 $p(t)$、$q(t)$ 的解为

$$\begin{cases} p(t) = a\cos\omega_0 t + m\sin\omega_0 t \\ q(t) = b\cos\omega_0 t + n\sin\omega_0 t \end{cases}$$

那么,对于 a、m、b、n 有方程组:

$$\begin{cases} m\omega_0^3\xi - \dfrac{8}{5}\Omega\omega_0 n = -\dfrac{1}{5}H\cos 2\varphi_0 \\[2mm] n\omega_0^3\xi + \dfrac{8}{5}\Omega\omega_0 m = \dfrac{1}{5}H\sin 2\varphi_0 \\[2mm] a = b = 0 \end{cases} \tag{1.77}$$

谐振子边缘位移的表达式为

$$w(\varphi, t) = A\sin\omega_0 t\cos 2(\varphi - \vartheta) \tag{1.78}$$

式中:$A = \sqrt{m^2 + n^2}$; $\tan 2\vartheta = \dfrac{n}{m}$。

用式(1.77)表示 m, n, 得

$$\tan 2\vartheta = \frac{5\omega_0^2\xi\tan 2\varphi_3 - 8\Omega}{5\omega_0^2\xi + 8\Omega\tan 2\varphi_0}, \quad \tan 2(\varphi_3 - \vartheta) = \frac{8\Omega}{5\omega_0^2\xi},$$

$$A = \frac{H}{5\omega_0^3\xi}\cos 2(\varphi_0 - \vartheta) \tag{1.79}$$

分析式(1.79)可知:当 $\Omega = 0$ 时,固体波动陀螺谐振子中驻波的方位不变,可以通过位置激励电极的方位确定 $\vartheta = \varphi_3$,也就是说,驻波被"拴"在装置的壳体上;当 $\Omega \neq 0$(以及 Ω^2 很小)时,驻波波腹落后激励方向一个角度,它可以由角速率值、固有频率及衰减量计算,即

$$\varphi_0 - \vartheta = \frac{1}{2}\arctan\frac{8\Omega}{5\omega_0^2\xi} \tag{1.80}$$

1.2 非理想固体波动陀螺的数学模型

1.2.1 非理想固体波动陀螺的动力学

在理想的陀螺中振动方程为

$$\ddot{w}'' - \ddot{w} + \kappa^2(w^{\text{VI}} + 2w^{\text{IV}} + w'') = 0 \tag{1.81}$$

驻波的固有频率为

$$\omega_k = \kappa\frac{k(k^2 - 1)}{\sqrt{k^2 + 1}}, \quad k = 2, 3, \cdots \tag{1.82}$$

二阶振动的激励最为重要,这时描述驻波的表达式为

20

$$w(\varphi,t) = A(\cos 2\varphi_0 \cos 2\varphi + \sin 2\varphi_0 \sin 2\varphi)\cos \omega_2 t \qquad (1.83)$$

式中:A 为幅值;φ_0 为驻波方位角;$\omega_2 = 6\kappa/\sqrt{5}$ 为固有频率。

对有一个或几个参数(密度、弹性模量、薄壳厚度等)不均匀的非理想陀螺进行研究具有实际意义。

现在来研究基座不动时非理想固体波动陀螺的动力学方程,其拉格朗日方程组如式(1.24)所示。

$$\ddot{v} - \kappa^2(w''' + v'') + \lambda' = 0$$
$$\ddot{w} + \kappa^2(w^{\mathrm{IV}} + v''') + \lambda = 0$$

参数 κ^2 不是常值且取决于圆周角,有

$$\kappa^2 = \kappa^2(\varphi) \qquad (1.84)$$

重复先前对理想谐振子所做的计算,从拉格朗日方程得到如下非理想固体波动陀螺的动力学方程:

$$\ddot{w}'' - \ddot{w} + (\kappa^2(w'' + w))^{\mathrm{IV}} + (\kappa^2(w'' + w))'' = 0 \qquad (1.85)$$

为了求得方程式(1.85)的唯一解,应该确定初始条件和边界条件,作为圆周角的函数 w 应该满足周期性条件:

$$w^{(l)}(0,t) = w^{(l)}(2\pi,t), \quad l = 0,1,\cdots,5 \qquad (1.86)$$

初始条件为

$$w(\varphi,0) = a(\varphi), \quad \dot{w}(\varphi,0) = 0 \qquad (1.87)$$

现在运用傅里叶方法(变量分离法)把所求的解表示为两个函数积的形式:

$$w(\varphi,t) = \Phi(\varphi)\Psi(t) \qquad (1.88)$$

分离变量后得到结果为

$$\frac{\ddot{\Psi}}{\Psi} = -\frac{(\kappa^2(\Phi'' + \Phi))^{\mathrm{IV}} + (\kappa^2(\Phi'' + \Phi))''}{\Phi'' - \Phi} \qquad (1.89)$$

式(1.89)的左边只与时间相关,右边只与圆周角相关,因此式(1.89)两边等于常值,对于函数 Φ 有特征值问题:

$$(\kappa^2(\Phi'' + \Phi))^{\mathrm{IV}} + (\kappa^2(\Phi'' + \Phi))'' = \lambda(\Phi'' - \Phi),$$
$$\Phi^{(l)}(0) = \Phi^{(l)}(2\pi), \quad l = 0,1,\cdots,5 \qquad (1.90)$$

在一定的假设情况下,这一问题具有实无限离散谱 λ_k。每个特征数都对应本征函数 Φ_k(或者在退化情况中对应着几个相互正交的本征函数),那么函数 Ψ 满足方程:

$$\ddot{\Psi} + \lambda_k\Psi = 0 \qquad (1.91)$$

其解的形式为

$$\Psi_k = A_k \cos \sqrt{\lambda_k} \, t + B_k \sin \sqrt{\lambda_k} \, t \qquad (1.92)$$

它们与未知常数 A_k、B_k 相关。

式(1.85)的通解可以表示为级数形式：

$$w(\varphi, t) = \sum_{k=1}^{\infty} \Phi_k \Psi_k = \sum_{k=1}^{\infty} \Phi_k (A_k \cos \sqrt{\lambda_k} \, t + B_k \sin \sqrt{\lambda_k} \, t) \qquad (1.93)$$

系数 A_k, B_k 可以由下列初始条件求得

$$w(\varphi, 0) = \sum_{k=1}^{\infty} A_k \Phi_k = a(\varphi) \qquad (1.94)$$

$$\dot{w}(\varphi, 0) = \sum_{k=1}^{\infty} \sqrt{\lambda_k} B_k \Phi_k = 0 \qquad (1.95)$$

考虑到本征函数的正交性，有

$$A_k = \frac{(a, \Phi_k^*)}{\| \Phi_k \|^2}, \quad B_k = 0, \quad k = 1, 2, \cdots \qquad (1.96)$$

式中：$*$ 表示复共轭，而 $(\cdot, \cdot)$，$\| \cdot \|$ 分别表示在区间 $[0, 2\pi)$ 上周期为 2π 的平方可积函数的标量乘积和空间范数 $\widetilde{L}_2 [0, 2\pi)$。

符号标识 $\omega_k \equiv \sqrt{\lambda_k}$，于是有

$$w(\varphi, t) = \sum_{k=1}^{\infty} \frac{(a, \Phi_k^*)}{\| \Phi_k \|^2} \Phi_k \cos \omega_k t \qquad (1.97)$$

复杂的是求特征值 λ_k 的序列以及式(1.90)相应的本征函数 Φ_k 的序列。将根据函数 ψ_p 的完全坐标系（不一定是正交的）求出有限级数形式的 Φ_k：

$$\Phi_k(\varphi) = \sum_{p=1}^{N} C_p^{(k)} \psi_p(\varphi) \qquad (1.98)$$

式(1.98)作为基础函数可以运用代数多项式或三角函数多项式、样条函数等。

把式(1.98)代入式(1.90)，使用布勃诺夫-加廖尔金法可以得到特征值的广义代数函数问题：

$$\sum_{p=1}^{N} \alpha_{pr} C_p = -\lambda \sum_{p=1}^{N} \beta_{pr} C_p, \quad r = 1, 2, \cdots \qquad (1.99)$$

式中：

$$\alpha_{pr} = \int_0^{2\pi} \left[(\kappa^2 (\psi'' + \psi_p))^{\text{IV}} + (\kappa^2 (\psi'' + \psi_p))'' \right] \psi_r^* \, \mathrm{d}\varphi \qquad (1.100)$$

22

$$\beta_{pr} = \int_0^{2\pi} (\psi_p'' - \psi_p) \psi_r^* \, \mathrm{d}\varphi \qquad (1.101)$$

往式(1.99)中再补充 6 个周期性条件:

$$\sum_{p=1}^{N} C_p \psi_p^{(l)}(0) = \sum_{p=1}^{N} C_p \psi_p^{(l)}(2\pi), \quad l = 0,1,\cdots,5 \qquad (1.102)$$

于是式(1.99)和式(1.102)可以通过一种已知方法进行求解,最终确定特征值 λ_k 和相应的矢量 $C^{(k)}$。

现在着重研究满足下列周期性条件的三角基函数:

$$\Phi_k(\varphi) = \sum_{p=-N}^{N} C_p^{(k)} \psi_p(\varphi) \qquad (1.103)$$

式中

$$\psi_p(\varphi) = \begin{cases} \sin p\varphi, & p > 0 \\ \cos p\varphi, & p \leqslant 0 \end{cases} \qquad (1.104)$$

对于基础函数来说要满足下面的正交条件:

$$\int_0^{2\pi} \psi_p \psi_r \, \mathrm{d}\varphi = \begin{cases} \pi, & p = r \neq 0 \\ 2\pi, & p = r = 0 \\ 0, & p \neq r \end{cases}$$

将式(1.104)代入式(1.100),经过多次分部积分后得到:

$$\alpha_{pr} = \frac{p^2 (p^2 - 1)^2}{2\pi(r^2 + 1)} \int_0^{2\pi} \kappa^2 \psi_p \psi_r \, \mathrm{d}\varphi \qquad (1.105)$$

$$\beta_{pr} = \delta_{pr} \qquad (1.106)$$

式中:δ_{pr} 为克罗内克符号。

这样,代替式(1.99)的广义特征值拥有了通常特征值:

$$\sum_{p=1}^{N} \alpha_{pr} C_p = -\lambda C_r, \quad r = 1,2,\cdots \qquad (1.107)$$

显然,特殊情况下,当 $\kappa = \kappa_0 = $ 常值时,可以得到之前研究的驻波形式的解,其频率为

$$\omega_k = \kappa_0 \frac{k(k^2 - 1)}{\sqrt{k^2 + 1}}$$

普遍情况下,使用数值法替代解析法来求解非理想固体波动陀螺的动力学方程更好些。

1.2.2　非理想固体波动陀螺的误差模型

固体波动陀螺产生误差的主要原因是谐振子的工艺缺陷。对谐振子中

23

驻波的行为影响最严重的是密度、弹性模量、壳体厚度等一些参数的不均匀性造成的傅里叶展开式的四次谐波。现在来研究固体波动陀螺谐振子的主要误差来源。

1. 谐振子质量分布不均匀性

假设谐振子材料密度的不均匀性随圆周角分布：

$$\rho = \rho(\varphi) \tag{1.108}$$

假设密度可以分解为傅里叶级数：

$$\rho = \rho_0 \Big(1 + \sum_{m=1}^{M} \varepsilon_m \cos m(\varphi - \theta_m)\Big) \tag{1.109}$$

式中：ρ_0 为常值；ε_m、θ_m 为第 m 次谐波对应的密度缺陷相对大小和位置。

特别是四次谐波缺陷的存在会导致谐振子中出现相互成 45°的双固有轴系，这样，谐振子沿其中每个轴的固有振动频率都可达到极大值和极小值（图1.8）。固有振动频率较小的本征轴称为"重"轴（刚度较小轴）；固有频率较大的本征轴称为"轻"轴（刚度较大轴）。

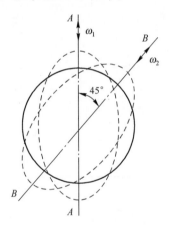

图 1.8　振动本征轴的"重"轴和"轻"轴

式（1.83）中最开始激励起的驻波受到了破坏：

$$w(\varphi,t) = A\cos 2(\varphi - \varphi_0)\cos \omega_2 t \tag{1.110}$$

而且该振动过程表现为两个不同频率的谐波振动的和：

$$w(\varphi,t) = A\big(\cos 2\varphi_0 \cos 2\varphi \cos \omega_{21} t + \sin 2\varphi_0 \sin 2\varphi \cos \omega_{22} t\big) \tag{1.111}$$

角度 φ_0 决定驻波相对于"重"轴的方位。

沿谐振子边缘存在密度分布的四次谐波导致产生与该缺陷成比例的频率裂解：

24

$$\Delta_4 = \omega_{22} - \omega_{21} \approx \frac{1}{2}\varepsilon_4\omega_2 \qquad (1.112)$$

式中:ε_4 为质量缺陷四次谐波的相对值。

驻波相对于谐振子的进动速度可表示为

$$\dot{\vartheta} = -\frac{1}{8}t\Delta_4^2\sin8\varphi_0 \qquad (1.113)$$

它也是固体波动陀螺的漂移速率,是由谐振子质量分布不均匀的四次谐波导致的频率裂解 Δ_4 所引起的。为了减小漂移速率,必须平衡谐振子的四次谐波缺陷,使 Δ_4 达到最小值。

密度缺陷的二次谐波产生的固有频率裂解为

$$\rho = \rho_0(1+\varepsilon_2\cos2\varphi) \qquad (1.114)$$

它与缺陷值的平方成比例:

$$\Delta_2 \sim O(\varepsilon_2^2) \qquad (1.115)$$

由一次谐波和三次谐波引起的频率裂解也正比于相应缺陷值的平方。因此,在调平谐振子时,主要应该注重缺陷的四次谐波,这是因为它引起的频率裂解要比其他谐波高一个数量级。

假设密度函数的傅里叶级数展开式(1.109)中第 m 次谐波的缺陷是主要因素(假设缺陷的方位角为 $\theta_m = 0$):

$$\rho(\varphi) = \rho_0(1+\varepsilon_m\cos m\varphi) \qquad (1.116)$$

材料密度和参数 κ^2 成反比例关系。很容易确定的是,精度优于 $O(\varepsilon_m^2)$ 时,κ^2 的表达式可以表示成如下形式:

$$\kappa^2(\varphi) = \kappa_0^2(1-\varepsilon_m\cos m\varphi) \qquad (1.117)$$

式中

$$\kappa_0^2 = \frac{EJ}{\rho_0 SR^4} \qquad (1.118)$$

通过把式(1.110)代入系数表达式(1.105)中,来分析式(1.107)的解。现在来看一下最感兴趣的 $m = 4$ 时的情况:

$$\kappa^2(\varphi) = \kappa_0^2(1-\varepsilon_4\cos4\varphi) \qquad (1.119)$$

由式(1.100)可以得到

$$\alpha_{pr} = \kappa_0^2\frac{p^2(p^2-1)^2}{2\pi(r^2+1)}\Big(\int_0^{2\pi}\psi_p\psi_r\mathrm{d}\varphi - \varepsilon_4\int_0^{2\pi}\psi_{-4}\psi_p\psi_r\mathrm{d}\varphi\Big) \qquad (1.120)$$

在式(1.103)所描述的谐振情况下,仅取与 $p = \pm2$ 相应的被加数,频率裂解值为

$$\omega_{21}=\sqrt{\omega_2\left(1-\frac{\varepsilon_4}{2}\right)}, \quad \omega_{22}=\sqrt{\omega_2\left(1+\frac{\varepsilon_4}{2}\right)} \qquad (1.121)$$

由此得到式(1.112)。

从式(1.121)可得:当 $0\leqslant\varepsilon_4\leqslant2$ 时,陀螺中可能会出现双频率周期性过程。

举例:研究对象为石英环形谐振子,其物理参数如下: $R=2.5\times10^{-2}$ m; $S=lh$, $l=h=1\times10^{-3}$ m; $\rho_0=2.5\times10^3$ kg/m^3; $I=lh^3/12$; $E=7\times10^{10}$ N/m^2。理想谐振子的二阶主振型振动频率为 $\omega_2=6.56\times10^3$ rad/s。现在来求由密度缺陷的四次谐波引起的频率裂解:

$\rho=\rho_0[1+\varepsilon_4\cos4(\varphi-\theta_4)]$,这时 $\varepsilon_4=0.1$, $\theta_4=0$。

运用上面阐述的方法和三角基函数展开式,通过数值实验最终得到以下振动频率: $\omega_{21}=6.39\times10^3$, $\omega_{22}=6.72\times10^3$。四次谐波的频率裂解为 $\Delta_4=\omega_{22}-\omega_{21}=328.0$,它非常接近式(1.112)的结果: $\Delta_4\approx327.9$。

2. 刚性轴识别

接下来研究识别刚性轴及计算频率裂解的算法,结合圆周角的初始条件表达式(1.94),得到

$$w(\varphi,t)=A(\cos2(\theta_0-\varphi_0)\cos2(\theta_0-\varphi)\cos\omega_{21}t+\sin2(\theta_0-\varphi_0)\sin2(\theta_0-\varphi)\cos\omega_{22}t)$$
$$(1.122)$$

式中: θ_0 为一个刚性轴的方位角。

显然,在这种情况下,当

$$\frac{\omega_{22}}{\omega_{21}}=\frac{m}{n}, \quad 0<\omega_{21}\leqslant\omega_{22}, \quad m,n\in\mathbf{Z}_+ \qquad (1.123)$$

式中: $\mathbf{Z}_+$ 为正整数集合。式(1.122)的驻波图的重复周期为

$$T=\frac{2\pi n}{\omega_{21}}=\frac{2\pi m}{\omega_{22}} \qquad (1.124)$$

如果式(1.124)能够近似满足,那么几乎可以把 T 看作是周期。

$t=0$ 时刻谐振子中所激励的驻波的初始幅值为

$$a(\varphi)=A(\cos2(\theta_0-\varphi_0)\cos2(\theta_0-\varphi)+\sin2(\theta_0-\varphi_0)\sin2(\theta_0-\varphi)) \qquad (1.125)$$

当 $0<t<T/2$ 时,朝刚性轴方向进动;当 $T/2<t<T$ 时,反向进动,如此类推。在 $jT/2(j=0,1,\cdots)$ 时刻会产生振摆。

可以通过设置传感器初始扰动角 φ_0 来确定总周期。来自传感器的最大信号会在 jT 时刻记录下来,甚至可以将参数激励与这些时刻同步起来。

现在来研究式(1.122)形式振动的特点。假设式(1.123)中的分数 m/n 不可约分,即 m 和 n 互为简单的自然数,这种情况下有三种可能:

(1) m 为奇数,n 为偶数;

(2) m 为偶数,n 为奇数;

(3) m 为奇数,n 为奇数。

对于任意的 τ,在第一种情况有

$$w(\theta_0,\tau) - w\left(\theta_0,\tau+\frac{T}{2}\right) = 0 \qquad (1.126)$$

在第二种情况有

$$w(\theta_0,\tau) + w\left(\theta_0,\tau+\frac{T}{2}\right) = 0 \qquad (1.127)$$

第三种情况的特点是对任意的角 φ 有

$$w(\varphi,\tau) + w\left(\varphi,\tau+\frac{T}{2}\right) = 0 \qquad (1.128)$$

除此之外,还有

$$w\left(\varphi,\tau+\frac{T}{4}\right) = w\left(\varphi,\tau+\frac{3T}{4}\right) = 0 \qquad (1.129)$$

利用式(1.126)~式(1.129)可以识别固体波动陀螺谐振子的本征轴,沿着其中的每个轴激励驻波并测量相应的振动频率,就可以得到频率裂解值。

3. 由基座振动引起的误差

当谐振子存在质量分布沿圆周方向的一次、二次及三次谐波时,如果发生纵向振动或横向振动,波图会存在寄生分量,它会使有用信号失真。这是因为,除了主振型以外,在谐振子中还会激发一系列次要振型,引起仪表误差。调平完密度缺陷的前三次谐波的谐振陀螺是可以在残酷的振动条件下使用的。现在来研究基座纵向振动和横向振动对不旋转的谐振子的影响。

1) 纵向振动

假设谐振子沿对称轴按下面规律运动,如图1.9(a)所示。

$$z = z_0 \cos\lambda t \qquad (1.130)$$

式中:z_0、λ 分别为振幅和频率。

质量分布的不均匀性可以表达为

$$\rho = \rho_0(1 + \varepsilon_1\cos(\varphi-\varphi_1) + \varepsilon_2\cos2(\varphi-\varphi_2) + \varepsilon_3\cos3(\varphi-\varphi_3)) \qquad (1.131)$$

于是,在共振情况下($\lambda = \omega_2$)驻波的方位角可由下式求出:

$$\tan 2\vartheta = \tan 2\varphi_2 \qquad (1.132)$$

即驻波"拴"在缺陷的二次谐波方位上,纵向振动的作用等效于沿着二次谐波缺陷轴的某一位置激励。

2) 横向运动

这种情况下,谐振子的运动方式如下(图1.9(b)):

$$x = x_0 \cos\lambda t, \quad y = y_0 \cos\lambda t \qquad (1.133)$$

共振情况下驻波波腹的方位角 θ 由下式计算:

$$\tan\theta = \frac{(A+B+C)\varepsilon_1 \sin\varphi_1 + (A-B+C)\varepsilon_3 \sin 3\varphi_3}{(A+B+C)\varepsilon_1 \cos\varphi_1 + (A-B+C)\varepsilon_3 \cos 3\varphi_3} \qquad (1.134)$$

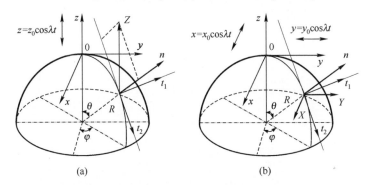

图 1.9 谐振子的纵向振动和横向振动
(a) 纵向振动;(b) 横向振动。

显然,存在密度缺陷的一次和三次谐波时,驻波的方位由角 φ_1、φ_3 决定,即横向振动将驻波"拴"在了质量缺陷的一次和三次谐波上。

还存在相反的效应:谐振子的二阶振型振动可以引起质心振动,这些振动会传递给支点,导致额外的振动能量耗散(与波图的方位有关)。

4. 谐振子品质因数不均匀性

在沿固体波动陀螺谐振子圆周的耗散一致的条件下,谐振子中的能量耗散会导致振幅衰减。若谐振子的品质因数与圆周角相关,则会产生驻波偏移速率。

运用开尔文-福格特模型(式(1.63))描述弹性物体的衰减振动:

$$\sigma = E(\varepsilon + \xi\dot{\varepsilon})$$

如果 ξ 是常数,那么谐振子的振动按指数规律衰减,这时振动性质不变。由于 ξ 值与圆周角相关,从而时间常数(品质因数)与波图的方位相关,这种现象称为谐振子沿圆周的品质因数不均匀性。

用傅里叶级数表示$\xi(\varphi)$值的不均匀性：

$$\xi(\varphi) = \xi_0\Big(1 + \sum_k \xi_k \cos k(\varphi - \varphi_k)\Big) \qquad (1.135)$$

式中：ξ_0为额定值；ξ_k、φ_k分别是相对缺陷的大小和方位。

式(1.135)展开式中缺陷的四次谐波对谐振子动力学的影响最明显。驻波进动(漂移)速度的表达式为

$$\dot{\vartheta} = -BF\Omega + \frac{1}{4}\omega_0^2\xi_0\xi_4\sin 4(\vartheta - \varphi_4) \qquad (1.136)$$

如果输入角速率Ω满足下面条件：

$$|\Omega| < \Omega^* = \frac{1}{4BF}\omega_0^2\xi_0\xi_4 \qquad (1.137)$$

那么，陀螺仪不存在积分效应。

如果Ω满足下面条件：

$$|\Omega| > \Omega^* \qquad (1.138)$$

那么，积分效应保留下来，并带有某一系统误差。从 0 到Ω^*的区域称为驻波"捕获"区域(图 1.10)。

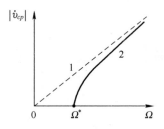

图 1.10　平均速率图

1—直线$|\dot{v}_{cp}| = BF\Omega$；2—偏离线。

耗散缺陷的四次谐波会导致谐振子中出现成 45°的两个轴系(称为阻尼轴，图 1.11)。

这两个轴中每一个轴的振动时间常数都会达到最大值和最小值，通常用算法补偿品质因数不均匀性引起的波图漂移。

由于品质因数(或时间常数)与很多参数相关，补偿这种漂移很复杂。这些参数有谐振子导电层中各种扩散过程和化学过程引起的内摩擦的变化；品质因数还与仪表中的残余气压相关，有微粒随机掉落到表面时品质因数可能会改变等。

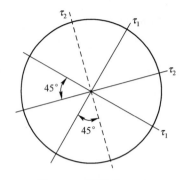

图 1.11　阻尼轴 $\tau_2 > \tau_1$

5. 谐振子激励回路的缺陷

如果激励回路不理想(环形电极供电电压不稳定或电极不圆),那么即使是理想的谐振子也会引起漂移。

6. 环形电极供电电压不稳定

如果环形电极是离散的,单个电极的激励电压来自不同的电源,那么会产生沿圆周的电势不均匀性。假设环形电极供电电压的幅值沿圆周有四次谐波为

$$V = (V_0 + v\cos 4\varphi)\cos\omega_0 t \tag{1.139}$$

并且 $v \ll V_0$,那么驻波的漂移速度为

$$\dot{\vartheta} = -\mathrm{BF}\Omega - \frac{1}{40}\frac{\varepsilon_0 V_0 v L}{\omega_0 \rho S d_0^3}\sin 4\vartheta \tag{1.140}$$

式中: $\varepsilon_0 = 8.85 \times 10^{-12}\mathrm{F/m}$ 为介电常数; L 为电极高度; d_0 为电极和谐振子之间的间隙。

没有积分效应的捕获区域大小为

$$\Omega^* = \frac{1}{16}\frac{\varepsilon_0 V_0 v L}{\omega_0 \rho S d_0^3} \tag{1.141}$$

或通过品质因数 Q 表示为

$$\Omega^* = \frac{5}{16}\frac{\omega_0 v}{Q V_0} \tag{1.142}$$

7. 环形电极间隙不均匀性的四次谐波

假设环形电极与谐振子之间的间隙沿圆周有四次谐波:

$$d = d_0 + e\cos 4\varphi + w(\varphi, t) \tag{1.143}$$

式中: e 为偏心距。

30

驻波漂移速度的表达式为

$$\dot{\vartheta} = -BF\Omega + \frac{3\varepsilon_0 V_0^2 eL}{40\omega_0 \rho d_0^4 S}\sin 4\vartheta \qquad (1.144)$$

捕获区域为

$$\Omega^* = \frac{15}{16}\frac{\omega_0}{Q}\frac{e}{d_0} \qquad (1.145)$$

除了上述研究的这些类型的缺陷外,可能还存在其他的误差源:各种缺陷的组合、角速率读取电极的安装误差、谐振子的轴与固定平面不垂直、非线性形变等。

8. 固体波动陀螺的漂移模型

固体波动陀螺的角位移由驻波相对于谐振子的角位移计算而得。由于一系列原因,驻波甚至在没有外部旋转的情况下也可以产生进动。这个角度漂移可能是随机的,也可能是系统性的,它的大小取决于谐振子的特性,并决定了陀螺的精度。

对固体波动陀螺的主要漂移来源进行分析后,半球形谐振子中驻波的旋转角速率可写成如下形式:

$$\dot{\vartheta} = \frac{\mathrm{d}\vartheta}{\mathrm{d}t} = -\Omega\left(BF + \frac{k_1}{R^2}A\right) - \frac{\Delta_4 N}{4\sqrt{A^2 - N^2}}\cos 4(\vartheta - \varphi_0) + \frac{k_2\omega_0 N}{R^2} + $$

$$\frac{\sin 4(\vartheta - \varphi_4)}{4}\left(\frac{1}{\tau_1} - \frac{1}{\tau_2}\right) + \frac{\mu N}{A}\sin 2\gamma \qquad (1.146)$$

式中:ϑ 为驻波角位置;Ω 为基座的旋转角速度;A 为振幅;N 为振型椭圆度;k_1,k_2 为系数;R 为谐振子半球薄壳的平均半径;ω_0 为振动频率;τ_1 为驻波振幅沿最大品质因数轴的衰减时间;τ_2 为驻波振幅沿最小品质因数轴的衰减时间;φ_0 为薄壳频率轴初始方位角;φ_4 为薄壳阻尼轴初始方位角;μ 为激励功率参数;Δ_4 为谐振子的频率裂解;γ 为激励脉冲信号与薄壳振动之间的相位差。

现在详细分析一下式(1.146)中的各个项。

式(1.146)的第一项是将驻波旋转角速率与给定的基座旋转角速度 Ω 联系在一起。一般情况下,括号内联系这两个参数值的乘数与薄壳的振动强度有关。用理论计算出的系数 k_1 表示这个非线性效应,对于二阶振型,这个系数等于 0.02167(根据参考文献[16]的数据 $k_1 = 0.0054$)。该效应很小,但若谐振子的半径很小且相对振幅增大,可能会对小尺寸的半球谐振子有明显影响,可以采用稳定薄壳振幅并在最后标定陀螺的标度因数的方法来补偿掉这个效应。薄壁半球谐振子的标度因数 BF 为 0.312。

式(1.146)的第二、第三、第五项中都含有参数 A 和 N，现在来描述一下它们的含义。谐振子中的振动可用沿正交轴振动的两个一维振荡器的运动方程描述，它们之间成 45°夹角。半球薄壳边缘向 φ 方向的径向振动在 t 时刻瑞利函数近似表达成如下形式：

$$w(\varphi,t)=a\cos2(\varphi-\theta)\cos(\omega t-\psi)+q\sin2(\varphi-\theta)\sin(\omega t-\psi) \quad (1.147)$$

固体波动陀螺理想的相似物体是数学摆(振荡器)，其振动形式如图 1.12 所示。在小振幅情况下，摆的轨迹在 OXY 平面可以看作是个椭圆，a 为长轴，q 为短轴，其主轴方位角为 θ，相位为 ψ。

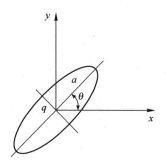

图 1.12　谐振子的二阶振型

这时振幅为 $A=a^2+q^2$，椭圆率 $N=2aq$。椭圆率和面积的关系为 $S=\pi aq=0.5\pi N$。

当 $q=0$(这时 $N=0$)时形成驻波，这种情况下，式(1.146)的第二、第三、第五项都不存在，为确保陀螺工作，必须抑制振动的椭圆度，因此，固体波动陀螺中存在修正回路。但在实际仪表中椭圆度测量的随机误差会导致 q 和 N 不为零(虽然这时 $q\ll a$)，这种情况下产生的漂移是不可补偿的，是随机漂移。

在理想的谐振子中固有轴相对于半球壳的位置可以是任意的，但在实际的谐振子中通常存在轴不对称性，会衰减固有频率并生成两个固有频率 ω_1 和 ω_2(图 1.8)。根据式(1.146)给定这种谐振子中的固有轴相对于壳体的位置，用角 φ_0 表示，是固有频率较小的固有轴的方位，频率裂解 $\Delta f=\Delta_4/2\pi$ 是这些振动频率间的差，该值应尽量接近于零。

现在研究一下实际谐振子中与频率裂解相关的驻波漂移。如果谐振子静止不动且薄壳振动无衰减，那么主要参数的变化可写成如下形式：

$$\dot{A}=0, \quad \dot{N}=4\Delta_4\sqrt{A^2-N^2}\sin 4(\vartheta-\varphi_0),$$

$$\dot{\vartheta}=-\frac{\Delta_4 N}{4\sqrt{A^2-N^2}}\cos 4(\vartheta-\varphi_0), \quad \dot{\psi}=\frac{\Delta_4 A}{2\sqrt{A^2-N^2}}\cos 4(\vartheta-\varphi_0) \tag{1.148}$$

如果 $\Delta_4\neq 0$，那么 N 和 ϑ 通过非线性方程组相互关联且不能独立解析。方程(1.148)可以有数值解。图 1.13 给出了利用龙格-库塔法得到的方程(1.148)的解，这时：$\varphi_0=0$，$\Delta_4=0.02\times 2\pi/s$(相当于 $\Delta f=0.02\mathrm{Hz}$)，初始条件为 $A=1$，$N=0.1$，$\psi=0$，$\vartheta=0$(显然 $\cos 4(\vartheta-\varphi_0)=1$ 和 $\sin 4(\vartheta-\varphi_0)=0$)。

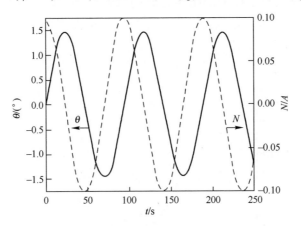

图 1.13 角位置变化 θ 与相对椭圆度 N/A 的估计

可以看出，频率裂解会导致波图的振荡，振荡幅度取决于椭圆度 N。频率裂解产生的原因通常是谐振子制造过程中轴的不对称性，由于频率裂解和椭圆度极大地影响着驻波的漂移，这就会产生多种多样的效应。例如，在电子线路某些误差的影响下，若椭圆度保持恒定，则根据式(1.148)，随机漂移将与驻波的位置相关。在其他情况下可能出现"零位漂移"的影响，以及技术参数(如仪表升温过程中测量回路的相位特性发生变化等)对漂移的影响。

式(1.146)的第三项表示与振动系统的非线性相关的漂移，它是基于傅科摆原理设计的所有陀螺中都存在的固有误差。对于二阶振型系数 k_2 等于 0.19。计算表明，随着谐振子直径的减小，漂移会快速增大。

还应注意的是，减小谐振子直径，同时必然要减小电容电极的尺寸，这会使测量回路中的信噪比变差，同时会迫使增大振动强度，提高振动的非线性，最终产生漂移。

减小这种漂移的方法是减小振动椭圆度，合理选择半球薄壳的直径尺寸、振幅和振频。

式(1.146)的第四项是驻波的系统性漂移,它与弹性振动能量的不均匀耗散相关。

谐振子中存在的耗散缺陷形成了两个耗散轴,它们具有不同的振动衰减时间常数 τ_1 和 τ_2(图 1.11)。根据式(1.146)可确定这些耗散轴的方位,用角 φ_4 表示,是具有最小阻尼(最大衰减时间常数)的轴的方位,从式(1.146)可以看出,该漂移与谐振子中驻波的角方位相关。

图 1.14 说明了固体波动陀螺驻波的系统性漂移。很明显,对于系统性零位漂移,驻波有两个方位,其中一个稳定,对应角度 φ_4;另一个不稳定,相对于稳定方位错开 45°角。

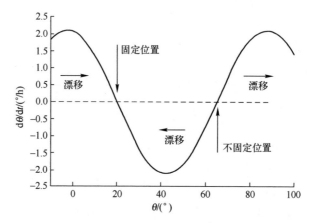

图 1.14　固体波动陀螺驻波中的系统漂移(假设 $\tau_1 = 500\text{s}$, $\tau_2 = 490\text{s}$, $\varphi_4 = 20°$)

τ_1^{-1} 和 τ_2^{-1} 的差值决定系统性漂移的大小,谐振子中振动衰减时间常数 τ_1 和 τ_2 的差值与一系列因素,比如谐振子材料的各向异性、材料的不均匀性以及局部缺陷等相关。

仪表内的残余气体会影响系统性漂移的大小,漏气时衰减时间常数 τ_1 和 τ_2 将减小,如果谐振子在壳体内安装得不对称,时间常数的减少可能会不一致。

质量不平衡同样也会影响 τ_1 和 τ_2 的大小,质量不平衡会导致质心振荡,振动能量通过固定支架耗散。这些缺陷可以通过调平方法进行修正。

固体波动陀螺的系统性漂移通常是不补偿的,可以通过批次性陀螺的标定进行计算。利用式(1.146)可以估算组装后陀螺所必需的 τ_1 和 τ_2 的值,需要的陀螺精度决定了系统性漂移的接受值。实践证明:陀螺可达到的精度大约比系统性漂移幅值小两三个数量级。

式(1.146)的第五项表明,在振动椭圆度不为零时,如果激励回路调试得不好,它也会导致漂移的产生,所以在确定固体波动陀螺控制线路技术要求时,必须关注这个特性。

近期有很多文章特别关注固体波动陀螺的热漂移。固体波动陀螺对温度灵敏的主要原因不是半球谐振子的几何尺寸误差,而是很大程度上取决于谐振子材料的物理温度特性,这主要会导致系统性漂移的参数受温度影响。由于频率裂解也是温度的函数,因此需要研究固体波动陀螺随机漂移的温度曲线。

1.3　薄壳形固体波动陀螺的数学模型

1.3.1　半球形固体波动陀螺的动力学

现在推导一下半球形固体波动陀螺谐振子的运动方程。谐振子是半球形薄壳,极点处与圆柱支架固连(图1.15)。假设谐振子的物理参数与圆周角无关且为常值,则在基尔霍夫-李雅夫假设基础上建立薄壳的数学模型。

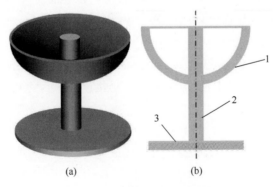

图1.15　三维模型与剖面图

(a)三维模型;(b)剖面图。

1—薄壳;2—支柱;3—底座。

在一般情况下,形变是由中性面上各点的切向应力 $u(\alpha,\beta)$、$v(\alpha,\beta)$ 与该面法向位移应力 $w(\alpha,\beta)$ 共同造成的,这里 α 和 β 为薄壳中性面上点的局部坐标(图1.16)。

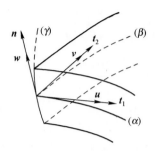

图 1.16　薄壳形变示意图

(α)、(β)、(γ)—坐标系；u、v、w—位移矢量组成；t_1、t_2、n—单位矢量。

根据基尔霍夫–李雅夫假设，应力张量分量(σ)和形变张量分量(e)满足条件：

$$e_{\alpha\gamma}=e_{\beta\gamma}=e_{\gamma\gamma}=0, \quad \sigma_{\gamma\gamma}=0$$

式中：γ 为位于薄壳内部点的正常坐标，那么应力张量和形变张量的线性关系可以借助胡克定律表示为

$$\sigma_\alpha=\frac{E}{1-\nu^2}(e_{\alpha\alpha}+\nu e_{\beta\beta}), \quad \sigma_\beta=\frac{E}{1-\nu^2}(e_{\beta\beta}+\nu e_{\alpha\alpha}), \quad \tau_{\alpha\beta}=\frac{E}{2(1+\nu)}e_{\alpha\beta} \quad (1.149)$$

式中：E 为弹性模量；ν 为薄壳材料的泊松比。按坐标维数 γ 展开形变张量分量，在所得到的展开式中只保留关于 γ 的线性分量：

$$e_{\alpha\alpha}=\varepsilon_1+\kappa_1\gamma+o(\gamma), \quad e_{\beta\beta}=\varepsilon_2+\kappa_2\gamma+o(\gamma), \quad e_{\alpha\beta}=\omega+\tau\gamma+o(\gamma) \quad (1.150)$$

式中：ε_1、ε_2 为坐标线的延伸率；ω 为坐标线之间的角度变化（剪切变形）；κ_1、κ_2 为过渡到变形状态时中性面的主曲率变化（弯曲形变）；τ 表示中性面的扭转形变。

对于半球形薄壳（图 1.17），α、β 为球面坐标，如果 $\alpha=\theta$、$\beta=\varphi$、R 为中面处于未变形状态时的半径，那么下面等式成立：

$$\varepsilon_1=\frac{1}{R}\left(w+\frac{\partial u}{\partial\theta}\right), \quad \varepsilon_2=\frac{1}{R}\left(w+u\cot\theta+\frac{1}{\sin\theta}\frac{\partial v}{\partial\varphi}\right),$$

$$\omega=\frac{1}{R}\left(-v\cot\theta+\frac{1}{\sin\theta}\frac{\partial u}{\partial\varphi}+\frac{\partial v}{\partial\theta}\right), \quad \tau=\frac{1}{R^2\sin\theta}\left(-\frac{\partial^2 w}{\partial\theta\partial\varphi}+\cot\theta\frac{\partial w}{\partial\varphi}\right),$$

$$\kappa_1=-\frac{1}{R^2}\left(w+\frac{\partial^2 w}{\partial\theta^2}\right), \quad \kappa_2=-\frac{1}{R^2}\left(w+\frac{1}{\sin^2\theta}\frac{\partial^2 w}{\partial\varphi^2}+\cot\theta\frac{\partial w}{\partial\theta}\right) \quad (1.151)$$

如果假设薄壳的中面不可拉伸，那么可以假设三个切向形变分量等于零来得到薄壳弯曲的求解方程：

$$\varepsilon_1 = \varepsilon_2 = \omega = 0 \tag{1.152}$$

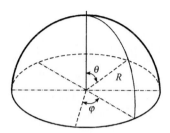

图 1.17 球面坐标系

把式(1.150)代入式(1.149),得

$$\sigma_\alpha = \frac{E}{1-\nu^2}(\kappa_1 + \nu\kappa_2)\gamma, \quad \sigma_\beta = \frac{E}{1-\nu^2}(\kappa_2 + \nu\kappa_1)\gamma, \quad \tau_{\alpha\beta} = \frac{E}{2(1+\nu)}\tau\gamma$$
$$\tag{1.153}$$

可以通过形变分量来表示力和力矩(图1.18):

法向力:

$$N_1 = N_2 = 0 \tag{1.154}$$

剪切力:

$$S_1 = S_2 = 0 \tag{1.155}$$

弯曲力矩:

$$M_1 = -\frac{Eh^3}{12(1-\nu^2)}(\kappa_1 + \nu\kappa_2), \quad M_2 = -\frac{Eh^3}{12(1-\nu^2)}(\kappa_2 + \nu\kappa_1) \tag{1.156}$$

扭矩:

$$M_{12} = M_{21} = \frac{Eh^3}{12(1+\nu)}\tau \tag{1.157}$$

式中:h 为薄壳壁厚。

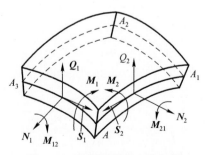

图 1.18 作用于薄壳上的负载

根据达朗贝尔定理,在消去剪切力后薄壳部件的平衡方程具有以下形式:

$$-\frac{\partial M_1}{\partial \theta}+(M_2-M_1)\cot\theta+\frac{1}{\sin\theta}\frac{\partial M_{21}}{\partial \varphi}=-R^2X, \quad -\frac{1}{\sin\theta}\frac{\partial M_2}{\partial \varphi}+\frac{\partial M_{12}}{\partial \theta}+2M_{12}\cot\theta=-R^2Y,$$

$$-\frac{\partial^2 M_1}{\partial \theta^2}-\frac{1}{\sin^2\theta}\frac{\partial^2 M_2}{\partial \varphi^2}+\cot\theta\frac{\partial}{\partial \theta}(M_2-2M_1)+\frac{2}{\sin\theta}\frac{\partial^2 M_{21}}{\partial \theta\partial \varphi}+$$

$$2\frac{\cot\theta}{\sin\theta}\frac{\partial M_{12}}{\partial \varphi}+M_1-M_2=-R^2Z \tag{1.158}$$

惯性力的形式为(图 1.19)

$$\begin{cases} X=-\rho h(u''_{tt}-2\Omega v'_t\cos\theta) \\ Y=-\rho h[v''_{tt}+2\Omega(w'_t\sin\theta+u'_t\cos\theta)] \\ Z=-\rho h(w''_{tt}-2\Omega v'_t\sin\theta) \end{cases} \tag{1.159}$$

式中:ρ 为薄壳材料密度;Ω 为外壳旋转角速率。

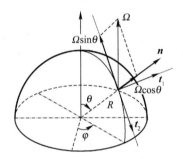

图 1.19　惯性力的估算

下面把式(1.154)~式(1.157)和式(1.159)代入式(1.158)中,可以得到以角速率 Ω 绕对称轴旋转的半球形谐振子的运动方程:

$$\frac{D}{R^2}\left[-w'''_{\theta\theta\theta}-\frac{1}{\sin^2\theta}w'''_{\theta\varphi\varphi}-w''_{\theta\theta}\cot\theta+2\frac{\cot\theta}{\sin^2\theta}w''_{\varphi\varphi}+(\cot^2\theta-1)w'_\theta\right]$$

$$=R^2\rho h(u''_{tt}-2\Omega v'_t\cos\theta),$$

$$\frac{D}{R^2}\left(-\frac{1}{\sin\theta}w'''_{\theta\theta\varphi}-\frac{1}{\sin^2\theta}w'''_{\varphi\varphi\varphi}-\frac{\cot\theta}{\sin\theta}w''_{\theta\varphi}-\frac{2}{\sin\theta}w'_\varphi\right)$$

$$=R^2\rho h[v''_{tt}+2\Omega(w'_t\sin\theta+u'_t\cos\theta)],$$

$$\frac{D}{R^2}\left[-w^{\text{IV}}_{\theta\theta\theta\theta}-\frac{2}{\sin^2\theta}w^{\text{IV}}_{\theta\theta\varphi\varphi}-\frac{1}{\sin^4\theta}w^{\text{IV}}_{\varphi\varphi\varphi\varphi}-2w'''_{\theta\theta\theta}\cot\theta+2\frac{\cot\theta}{\sin^2\theta}w'''_{\theta\varphi\varphi}+\right.$$

$$w''_{\theta\theta}\cot^2\theta-\frac{4}{\sin^4\theta}w''_{\varphi\varphi}-\cot\theta\left(2+\frac{1}{\sin^2\theta}\right)w'_{\theta}\Bigg]$$

$$=R^2\rho h\left(w''_{tt}-2\Omega v'_t\sin\theta\right) \tag{1.160}$$

式中：$D=Eh^3/12(1-\nu^2)$ 为内柱的刚度。

为了得到方程组（1.160）的解，将谐振子各点的位移沿不可拉伸薄壳的二阶固有振型展开：

$$\begin{aligned}
u(\theta,\varphi,t)&=U(\theta)\left[p(t)\cos2\varphi+q(t)\sin2\varphi\right]\\
v(\theta,\varphi,t)&=V(\theta)\left[p(t)\sin2\varphi-q(t)\cos2\varphi\right]\\
w(\theta,\varphi,t)&=W(\theta)\left[p(t)\cos2\varphi+q(t)\sin2\varphi\right]
\end{aligned} \tag{1.161}$$

式中：$U(\theta)$、$V(\theta)$、$W(\theta)$ 为球形薄壳的瑞利函数；$p(t)$、$q(t)$ 为未知函数。

角 θ_0 决定谐振子的边缘状态。把式（1.161）代入式（1.160）中，并在建立函数 $p(t)$、$q(t)$ 的微分方程时采用布勃诺夫-加廖尔金法，可以得到描述理想半球形谐振子二阶固有振型的动力学方程：

$$\begin{cases}m_0p''_{tt}-2\Omega bq'_t+c_0p=0\\m_0q''_{tt}+2\Omega bp'_t+c_0q=0\end{cases} \tag{1.162}$$

式中：

$$m_0=-R^2\rho h\int_0^{\theta_0}(U^2+V^2+W^2)\sin\theta\mathrm{d}\theta,$$

$$b=2R^2\rho h\int_0^{\theta_0}V(U\cos\theta+W\sin\theta)\sin\theta\mathrm{d}\theta,$$

$$\begin{aligned}
c_0=\frac{D}{R^2}\int_0^{\theta_0}&\Bigg[\left(-W'''-W''\cot\theta+\frac{3+2\cos^2\theta}{\sin^2\theta}W'-8\frac{\cot\theta}{\sin^2\theta}W\right)U+\\
&\left(2W''+2W'\cot\theta-4\frac{1+\cos^2\theta}{\sin^2\theta}W\right)\frac{V}{\sin\theta}+\\
&\left(-W^{\mathrm{IV}}-2W'''\cot\theta+\frac{9-\sin^2\theta}{\sin^2\theta}W''-\frac{\cot\theta}{\sin^2\theta}(9+2\sin^2\theta)W'\right)W\Bigg]\sin\theta\mathrm{d}\theta
\end{aligned}$$

谐振子中驻波的进动系数可表达为

$$\mathrm{BF}=\frac{b}{2m_0}=-\frac{\displaystyle\int_0^{\theta_0}V(U\cos\theta+W\sin\theta)\sin\theta\mathrm{d}\theta}{\displaystyle\int_0^{\theta_0}(U^2+V^2+W^2)\sin\theta\mathrm{d}\theta} \tag{1.163}$$

可以通过求解微分方程组（1.152）来确定瑞利函数，该方程组的展开形式为

$$\begin{cases} w + \partial u / \partial \theta = 0 \\ w\sin\theta + u\cos\theta + \partial v / \partial \varphi = 0 \\ -v\cos\theta + \partial u / \partial \varphi + \sin\theta \, \partial v / \partial \theta = 0 \end{cases} \quad (1.164)$$

在分离圆周角 φ 后,所得到的方程组可以简化成对角 θ 的二阶线性微分方程:

$$V''\sin^2\theta - V'\sin\theta\cos\theta - 3V = 0 \quad (1.165)$$

在球形圆顶部的解析解为

$$V(\theta) = \sin\theta\tan^2\frac{\theta}{2}$$

运用式(1.164),很容易得到:

$$U(\theta) = V(\theta) = \sin\theta\tan^2\frac{\theta}{2}, \quad W(\theta) = -(2+\cos\theta)\tan^2\frac{\theta}{2} \quad (1.166)$$

对于 $\theta_0 = \pi/2$,把式(1.166)代入式(1.163)中,可以得出进动参数值:BF ≈ 0.277。

1.3.2 筒形固体波动陀螺的动力学

现在来研究一下半径为 R、长度为 L 的筒形弹性薄壳的自由振动,采用圆柱坐标系如下:

$$\alpha = z = s, \quad \beta = \varphi, \quad \gamma = r$$

它和笛卡儿直角坐标系的关系是

$$x = r\cos\varphi, \quad y = r\sin\varphi, \quad z = z$$

代入参数为

$$H_1 = 1, \quad H_2 = R, \quad H_3 = 1$$

薄壳上点的形变沿坐标线的表示为

$$u_z, \quad u_\varphi, \quad u_r$$

从坐标 $z = s$ 变换为无量纲的 $\xi = s/R$ 通常比较方便。

这时,与半球形薄壳的区别是不能利用不可延伸条件:

$$\varepsilon_1 = \varepsilon_2 = \varepsilon_{12} = 0 \quad (1.167)$$

由于高斯曲率在坐标 s 处为零,如果薄壳不是非常短,即

$$\frac{L}{R}\sqrt{\frac{R}{h}} \gg 1 \quad (1.168)$$

那么代替式(1.167)可以利用下面的不可延伸条件:

$$\varepsilon_2 = \varepsilon_{12} = 0 \quad (1.169)$$

这就引出两个约束方程：

$$\frac{\partial u_\varphi}{\partial \varphi} - u_r = 0, \qquad \frac{\partial u_\varphi}{\partial \xi} + \frac{\partial u_r}{\partial \varphi} = 0 \qquad (1.170)$$

引入函数 $\psi(\xi, \varphi, t)$，有

$$u_\xi = -\frac{\partial \psi}{\partial \xi}, \quad u_\varphi = \frac{\partial \psi}{\partial \varphi}, \quad u_r = \frac{\partial^2 \psi}{\partial \varphi^2} \qquad (1.171)$$

当 $\xi = 0$ 时，得到刚性连接条件为

$$u_r = \frac{\partial u_r}{\partial \xi} = 0 \qquad (1.172)$$

而边界条件 $\xi = \xi_0 = L/R$ 没有约束，则

$$\frac{\partial^2 u_r}{\partial \xi^2} = \frac{\partial^3 u_r}{\partial \xi^3} = 0 \qquad (1.173)$$

由式（1.173）和式（1.171）可以得到如下关于 ψ 的边界条件：当 $\xi = 0$ 时，有

$$\psi = \frac{\partial \psi}{\partial \xi} = 0 \qquad (1.174)$$

当 $\xi = \xi_0 = L/R$ 时，有

$$\frac{\partial^2 \psi}{\partial \xi^2} = \frac{\partial^3 \psi}{\partial \xi^3} = 0 \qquad (1.175)$$

筒形弹性薄壳的自由振动动力学简化方程的形式为

$$\frac{\partial^4 \ddot{\psi}}{\partial \varphi^4} - \frac{\partial^2 \ddot{\psi}}{\partial \varphi^2} + \eta \frac{\partial^4 \psi}{\partial \xi^4} + \kappa^2 \left(\frac{\partial^8 \psi}{\partial \varphi^8} + 2 \frac{\partial^6 \psi}{\partial \varphi^6} + \frac{\partial^4 \psi}{\partial \varphi^4} \right) = 0 \qquad (1.176)$$

式中：$\eta = \dfrac{E}{\rho R^2 (1-\nu^2)}$；$\kappa^2 = \dfrac{h^2}{3R^2}\eta$；$E$ 为弹性模量；ν 为泊松比；ρ 为密度。

分离变量，ψ 表达如下：

$$\psi(\xi, \varphi, t) = \Psi(\xi) \cos n(\varphi - \varphi_0) \cos \omega(t - t_0) \qquad (1.177)$$

式中：φ_0 为驻波初始方位角；n 为振型数；ω 为自由振动固有频率。

将式（1.177）代入式（1.176），可得

$$\frac{\mathrm{d}^4 \Psi}{\mathrm{d}\xi^4} = \beta^4 \Psi \qquad (1.178)$$

式中：$\beta^4 = \dfrac{n^2}{\eta} \left[\omega^2 (1+n^2) - n^2 \kappa^2 (1-n^2)^2 \right]$。

方程式（1.178）类似于一个自由振动的圆棒，解的形式为

$$\Psi(\xi) = A\sinh\beta\xi + B\cosh\beta\xi + C\sin\beta\xi + D\cos\beta\xi$$

由边界条件式(1.174)和式(1.175)可得

$$C = -A, \quad D = -B$$

方程式(1.178)有非常多的解：

$$\Psi_k(\xi) = C_k\left(\frac{U(\beta_k\xi)}{S(\beta_k\xi_0)} - \frac{V(\beta_k\xi)}{T(\beta_k\xi_0)}\right) \tag{1.179}$$

通过克雷洛夫函数表示为

$$S(x) = (\cosh x + \cos x)/2, \quad T(x) = (\sinh x + \sin x)/2,$$
$$U(x) = (\cosh x - \cos x)/2, \quad V(x) = (\sinh x - \sin x)/2$$

式(1.179)中：C_k 为任意常数。

在方程式(1.179)中，β_k 由下式得到：

$$\cosh\beta_k\xi_0\cos\beta_k\xi_0 = -1 \tag{1.180}$$

相应的固有频率为

$$\omega_n^{(k)} = \sqrt{\frac{\eta\beta_k^4 + \kappa^2 n^4 (n^2-1)^2}{n^2(n^2+1)}} \tag{1.181}$$

当 $L\to\infty$ 时，其逐渐逼近于弹性环频率。

β 的最小值 $\beta_1 \approx 1.875\xi_0^{-1}$。

式(1.171)的各位移分量可表示为

$$u_\xi = -\Psi'(\xi)\cos n(\varphi-\varphi_0)\cos\omega(t-t_0)$$
$$u_\varphi = -n\Psi(\xi)\sin n(\varphi-\varphi_0)\cos\omega(t-t_0) \tag{1.182}$$
$$u_r = -n^2\Psi(\xi)\cos n(\varphi-\varphi_0)\cos\omega(t-t_0)$$

式中：

$$\Psi_k'(\xi) = C_k\beta_k\left(\frac{T(\beta_k\xi)}{S(\beta_k\xi_0)} - \frac{U(\beta_k\xi)}{T(\beta_k\xi_0)}\right) \tag{1.183}$$

当基座旋转角速度为 Ω 时，驻波的旋转角速率为

$$\dot\vartheta = -\frac{2\Omega}{n^2+1+R^2 d_k/(n^2 L^2)} \tag{1.184}$$

式中：系数 $d_1 \approx 4.65$。

第2章　固体波动陀螺谐振子的设计与制造

谐振子是固体波动陀螺的核心部件。为了得到高性能的谐振子需要正确选择谐振子结构材料,采用一系列石英玻璃特种处理技术,实行低耗散镀膜,并利用非标准的测量方法。本章将讨论上述问题。

2.1　固体波动陀螺结构

由于玻璃和金属的加工处理方法不同,制造高精度陀螺和普通应用陀螺时所采取的设计方法和技术手段也将不同[150,173,186]。下面将讨论这些技术方案的特点。

1. 高精度固体波动陀螺的结构

研制石英玻璃谐振子固体波动陀螺时必须考虑以下条件:

(1) 石英玻璃的加工处理相当困难,因此谐振子的形状应设计得尽可能简单;

(2) 谐振子结构应允许调平,以消除弹性–质量的不均匀性;

(3) 为达到高品质因数,需要采用无接触的传感器和激励元件;

(4) 仪表内部的残余气体会导致额外的振荡阻尼,因此,内部真空度应不低于 10^{-6}mmHg。

以图 B.1 所示的固体波动陀螺为例,讨论如何满足上述条件。石英玻璃谐振子的形状为带有固定支架的薄壁半球壳,其唇沿上有调平用锯齿,由于锯齿不会在振动时发生形变,从而可以从锯齿上相对简便地(比如使用激光)去除大量不平衡的质量,而不会改变谐振子的刚度和耗散特性。分布在测量基座上的电容传感器用于测量振幅。环形激励电极产生交变电场,以保持谐振子唇沿的振动稳定不变。电容校正电极用于抑制正交振动。为提高电容式电极的工作效率,在半球壳的内外表面镀有金属导电层,作为电容传感器和激励元件的第二个极板。固体波动陀螺三个主要部件之间密封连接,谐振子表面、测量基座和激励组件之间存在均匀的微小间隙,仪表内置有吸气剂,以保障内部的真空度。

虽然该型固体波动陀螺的使用性能指标很高,但其生产工艺复杂、成本高、使用受到局限,为简化仪表结构并压缩成本,出现了一些新的设计方案。1995 年,美国 Litton 公司宣布研制出了新式结构的固体波动陀螺,在一个真空罩下集成了三个新式结构的小型敏感部件(图 2.1)[161,171,185]。

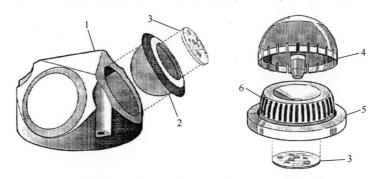

图 2.1 Litton 公司的三轴固体波动陀螺
1—真空罩;2—单轴敏感部件;3—电子模块;4—半球谐振子;5—电极组;6—电极。

这个敏感部件的主要部分是带有一个内部固定支架的 30cm 的半球谐振子 4,布置在内电极组 5 上的电容电极 6 用于驻波的参数测量和驻波控制,全部组件之间密封玻璃熔接,而不需要单独的真空罩(该公司为提高可靠性在一些较新型的固体波动陀螺中额外增加了一个金属密封罩)。该陀螺结构的特点是工艺简单,技术指标较高。

谐振子离子束调平技术推动了固体波动陀螺结构的进一步发展[123,188]。虽然离子束去除不平衡质量的方法与激光法相比生产效率不高,但其主要优点是可以调平无调平齿的谐振子。这是因为该方法是直接从半球壳体表面去除质量,几乎不破坏石英玻璃的结构,从而可以避免那些复杂而又昂贵的制齿工序。此外,无调平齿谐振子的初始质量不平衡是有齿的相似谐振子的几分之一。离子束刻蚀法的其他优点是调平算法简单,调平精度高。该方法可以极大地简化固体波动陀螺的生产,降低陀螺价格,从而可以作为民用导航仪表广泛应用,如用于石油天然气矿井轨道检测的测倾仪[124]。

最后,还有一条完善固体波动陀螺结构的途径,简化合并电极组[190,198]。众所周知,半球谐振子振动时谐振子唇沿不只是在其垂直轴上有位移,在平行轴上也有位移。这种情况下,可以将所有的电极布置在一个平面电极组上,电极组与谐振子半球薄壳的端面平行,该方法的示意图如图 2.2 所示。在这个新结构方案中只在半球薄壳的端面镀金属膜,从而显著减小谐振子的内部摩擦,简化制造工艺,这种结构方式更容易保证谐振子端表面与平面电极组之间间隙的一致性。

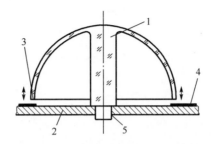

图 2.2 带平面电极组的固体波动陀螺
1—谐振子;2—电极组;3—谐振子金属化表面;4—电极;5—谐振子与电极组的连接处。

由于该结构中的间隙很小,相应地,间隙中气体浓度达到平衡的特征时间就较短,甚至可能会降低气体摩擦的强度,所以,固体波动陀螺在使用过程中对壳体内真空度的变化不是很敏感。SAGEM DS 公司采用这种结构方案研制出了捷联式惯性导航系统用陀螺 Regys 20,敏感部件的直径是20mm,随机漂移速率为 0.1°/h,工作寿命为连续工作 15 年,捷联式惯性导航系统的质量为 3.1kg,体积为 1L,功耗为 10W。

2. 普通用途的非高精度固体波动陀螺的结构

尽管之前提到的金属材料的品质因数比石英玻璃的低很多,但因其机械加工简单,从而促使金属成为了便宜的低精度振动陀螺的结构材料。

薄壁金属谐振子中的主要耗散过程与金属形变时产生的热传导相关。刚体形变时,其不同区域的温度将取决于介质的局部形变程度;谐振子振动时,内侧材料与外侧材料的形变方式相反(例如,若外层拉伸,则内层压缩),相应地,这些层中的局部温度也会不同,结果是在形变不同并局部温度各异的区域间会产生热传导,其强度与材料的导热率相关。热传导将平衡物体内的各局部温度,从而导致机械能向热能的不可逆转化。齐纳进行了这一现象的理论研究[75],这些振动能量的损失值称作热弹性损失,可以用下式求出:

$$\zeta = I \cdot \left[\frac{\omega \bar{\tau}}{1 + (\omega \bar{\tau})^2} \right] \tag{2.1}$$

式中:I、$\bar{\tau}$ 分别为热弛豫的强度和时间。

$$I = ET \frac{\alpha}{C_p}, \quad \bar{\tau} \approx \frac{x^2}{\xi} \tag{2.2}$$

45

式中:E 为弹性模量;T 为温度;α 为线性热膨胀系数;C_p 为热容率;x 为热传导的距离;ξ 为导热系数。

对于薄壁金属谐振子这种内摩擦的强度很高,当 $\omega\tau=1$ 时达到最大,导致半球形和筒形的金属谐振子的品质因数很低。为减小热弹性损失的强度,可以使用低线性膨胀系数 α 的金属(如因瓦合金),使 I 趋近于 0,或改变谐振子的结构,显著增加谐振子振动部分的壁厚,这会增加热弛豫时间,将最大的热弹性损失移动到低频区域。

下面研究使用上述方法最成功的金属谐振子固体波动陀螺结构。

Innalabs 公司[135]研制的小型角速率传感器中,谐振子制成筒形,底部贴有压电陶瓷元件(图 2.3)。压电陶瓷元件既可用于激励振动,也可用于测量振动参数。

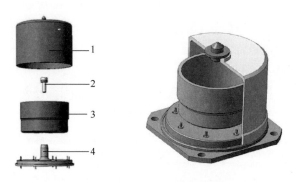

图 2.3　Innalabs 公司的固体波动陀螺结构
1—壳体;2—固定螺栓;3—谐振子;4—基座。

谐振子材料是具有低线性热膨胀系数的 NiCrTi 合金。谐振子 3 的直径为 17~43mm,通过螺栓 2 固定在基座 4 上,组装后的敏感部件安装到壳体 1 中。谐振子的品质因数为 $(1\sim4)\times10^4$。控制电子线路集成到 45mm×45mm 的一块板子上,通过向相应的压电元件施加控制电压,来保持波图波腹处的振幅不变,抑制波节处的同相振动和正交振动。这种固体波动陀螺在 $-40\sim+75$℃ 范围内都可以工作,角速率测量精度可保证在 1~5°/h。

另一种金属谐振子固体波动陀螺的结构有原则性的变化。SAGEM DS 公司的 QUAPASON 固体波动陀螺的谐振子是双音叉形式(图 2.4)[153]。

在这个谐振子中存在频率相同的两个正交振型:径向 R 型,正切 T 型。这些振型的固有频率在调平过程中调成一致,通过在谐振子振梁的端部钻

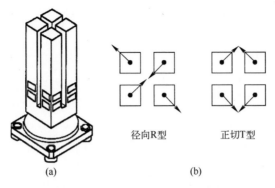

径向R型   正切T型

(a)   (b)

图 2.4   SAGEM DS 公司的固体波动陀螺

（a）敏感部件结构；（b）谐振子的径向和正切振型。

孔进行调平,利用贴在谐振子侧面的压电元件激励和测量振动。这种谐振子因振动部件的厚度增加,其热弹性损失比薄壁筒形的小很多,其控制线路与半球谐振子和筒形谐振子固体波动陀螺所用的线路结构相似。

该固体波动陀螺既可用作角速率传感器,也可用作角度传感器,它启动时间短,约 0.5s,精度水平约 10°/h,可用于很多应用领域。

该等级固体波动陀螺的特点是用压电元件作为传感器和激励元件,但压电陶瓷的内摩擦较大,所以会出现压电元件形变与输出信号之间的延迟,随后带来波图参数的计算误差。

无论什么结构的固体波动陀螺的核心部件都是它的谐振子,谐振子的性能最终决定了仪表的性能指标,为达到必要的参数,必须认真进行谐振子的结构设计、材料选择并编制成套的生产工艺。

2.2   固体波动陀螺谐振子设计

开展固体波动陀螺谐振子设计时,首先进行总体结构设计,既要考虑陀螺的用途,又要考虑其生产工艺可行性。这个阶段确定谐振子的直径、固定支架的结构(单端或者双端),以及有无调平齿、计划采用的调平技术。

下一阶段结构设计包括选择谐振子主要的几何参数:壁厚和截面形状,调平齿的尺寸,以及支架的直径和长度。

壁厚与谐振子的工作频率线性相关,因此选取这些参数时应注意一些具体条件。

固体波动陀螺的系统性漂移与振动的衰减时间成反比,而衰减时间与谐振子的振动频率 f 和品质因数 Q 相关:

$$\tau = \frac{Q}{\pi f} = \frac{2\pi W}{\Delta W} \cdot \frac{1}{\pi f} \tag{2.3}$$

由式(2.3)得出,频率以及壁厚都应尽量选择小一些的,但要考虑的是谐振子的品质因数受到许多因素的影响:

$$Q^{-1} = \frac{1}{Q_m} + \frac{1}{Q_{sur}} + \frac{1}{Q_{coat}} + \frac{1}{Q_{fix}} + \cdots = \frac{\Delta W_m}{2\pi W} + \frac{\Delta W_{sur}}{2\pi W} + \frac{\Delta W_{coat}}{2\pi W} + \frac{\Delta W_{fix}}{2\pi W} + \cdots \tag{2.4}$$

式中:ΔW_m 为谐振子材料的耗散;ΔW_{sur} 为表面区域的耗散;ΔW_{coat} 为金属膜中的耗散;ΔW_{fix} 为固定部位处的损耗。

由于壁厚削薄时谐振子的振动能量 W 减小,金属膜和表面层形变时的损耗能量几乎不变,因此减小壁厚,损耗 ΔW_{sur} 和 ΔW_{coat} 则会相对增大。这时,若 $\Delta W_m > \Delta W_{sur} + \Delta W_{coat} + \Delta W_{fix}$,则谐振子的时间常数有实质性的增大,否则 τ 值很难提升,而且制造壁厚很薄的谐振子时还会伴随一些工艺问题。不可避免的薄壁壳体几何偏差会导致谐振子有很大的质量不平衡,这就要求调平精度也得相应提高。鉴于这些条件,最小壁厚限制在 0.5~0.7mm 之间,相应地也就得出了谐振子的工作频率下限。

固体波动陀螺的壳壁截面形状不会影响陀螺的工作,但在壳壁等厚的半球谐振子振动时,材料中的应力在薄壳上的分布并不均匀,在半球薄壳与固定支架连接处附近的应力最大。通过从薄壳唇沿向支架方向增加壁厚可以降低材料中的最大应力,因此在专利[203]中半球顶点附近的壁厚 h 选取最大值($h = h_0$),壁厚按下面的规律向唇沿过渡

$$h = \frac{h_0 (1 + \cos\alpha)^2}{4} \tag{2.5}$$

式中:α 为从半球中心点到薄壳上某点的矢量与对称轴间的夹角,唇沿对应 $\alpha = 90°$。

选择调平齿外形时,应确保其表面的材料形变很小,因为调平时就是从这些区域去除不平衡质量。如果调平齿在振动时发生形变,说明去除材料的过程不只是改变了质量分布,还减小了这个方向上的刚度。因此最好提高调平齿的结构刚度,比如采用图 2.5 所示的美国 Northrop Grumman 公司的固体波动陀螺谐振子的调平齿结构。

这种结构中调平齿总数为 31 个,每个齿的占角约为 7.5°,调平齿的横向截面增加,振动时形变很小,特别是端面的中心部位形变更小,因此,可以

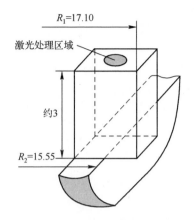

图 2.5　Northrop Grumman 公司固体波动陀螺调平齿的结构

采用激光法从这个区域去除材料。

支架的几何尺寸决定了它的固有频率,支架的固有频率接近谐振子的振动工作频率会明显改变谐振子的特性。由于与固定支架相关的振动的品质因数通常都不大,约为 10^2,所以必须在谐振子设计过程中通过选取支架的相应长度、直径等几何参数,来保证这些振动偏离工作频率大约 1kHz。

有限元仿真法是计算几何参数给定的谐振子的固有频率范围(谱)最方便的方法,该方法将谐振子刚体分解成微小单元,这些单元的顶点形成空间节点网。

谐振子势能表示为节点位移函数,而动能表示为节点速度函数,根据这些函数可形成结构的运动方程。当前,有很多不同的软件都可以较容易地算出这些方程组中的固有频率和对应的振型,如 COMSOL Multiphysics 软件等。

图 2.6 给出了带内固定支架的 30mm 石英玻璃半球谐振子一些固有频率变化的示例。图 2.6(a)为改变支架直径时的固有频率变化,而图 2.6(b)则为改变壁厚时的固有频率变化。从图中可以明显看出,当支架直径为 7mm 或 10.3mm 时,薄壳和支架的振动固有频率重合,薄壳壁厚选择不正确(0.85mm 或 0.97mm)时也会发生固有频率接近。

对于谐振子的其他结构参数(如薄壳与支架的共轭半径)也可以得出类似的关系式,利用这些关系式可以选择谐振子各个参数的最优几何尺寸及公差,而且,计算也足够精确。

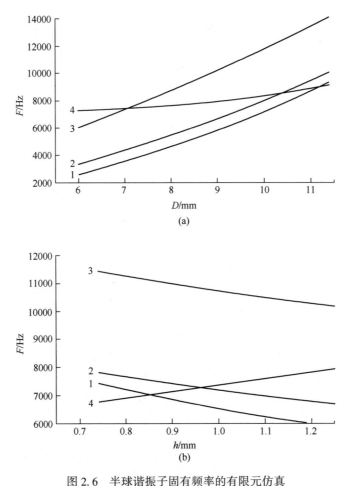

图 2.6 半球谐振子固有频率的有限元仿真

（a）改变支架直径，薄壳壁厚 $h=1.25$mm；（b）改变壁厚，支架直径 $D=8$mm。

1—支架的扭转振动；2—支架一阶振型弯曲振动；3—薄壳绕支架的振动；4—薄壳的二阶振型弯曲振动。

2.3 石英玻璃的耗散特性

高品质因数谐振子的材料几乎都是选用石英玻璃，其内摩擦值只比蓝宝石差，但蓝宝石的颗粒具有特殊的各向异性，加工复杂并且价格昂贵。

石英玻璃是一种非晶态二氧化硅（SiO_2），通过过度冷却相应的熔融物制得。生产石英玻璃使用天然石英和合成石英、方英石、非晶态二氧化硅及其挥发性化合物（$SiCl_4$，$Si(OC_2H_5)_4$等）与各种熔制工艺，因制造方法不同，生产出来的石英玻璃特性也有差别。根据制造方法的不同，石英玻璃一般分成四类[147]，表 2.1 列出了这四类石英玻璃的主要参数[15,127,128,146]。

表 2.1　石英玻璃主要参数

指　标	类型 I	类型 II	类型 III	类型 IV
制造方法	电炉熔炼	火焰熔炼	$SiCl_4$在火焰中 高温水解	$SiCl_4$在火焰中 氧化
杂质含量/(μg/g)： Al Fe Na Cl OH	 50～180 0.7～5.0 4～7 — 2～4	 10～50 0.5～3.0 0.06～2.0 — 400	 0.05 0.1 0.04 0～50 1200	 0.05 0.1 0.04 2～10 0～500
牌号： 俄罗斯 德国 "Heraeus" 美国 "Corning" "General Electric" 日本 "Nippon" "Tosoh" 法国 "Quartz et silice" 英国 "Thermal Syndicate"	 КИ Infrasil-301,302, 303 — GE-105,114, 125,201 IF,2020,2030 — Pursil-259,403 IR-Vitreosil	 КВ；КУ-2 Homosil, Herasil-1,2,3 — GE-102,104 UF,SG,1020,1060 — Pursil optique Vitreosil 0.55,0.66	 КУ-1；Р Suprasil-1,2,3, 311,312 Corning 7940,7980 GE-151 BF,4040 ES Tetrasil Spectrosil	 КУВИ Suprasil-300 Corning 7943 — ED-A,C — Spectrosil WF

这个分类是人为设定的，还有一些石英玻璃（比如，石英玻璃 KC4B[49,175]、Corning 7958 等）采用多步工艺制成，不属于这四类中的任何一类。

第一类石英玻璃是通过在电炉中真空或在氢气中熔炼二氧化硅颗粒制成的，这种玻璃的羟基浓度低，从原材料带入熔融物中的矿物质杂质多。

第二类石英玻璃也是由二氧化硅颗粒熔融制成的,但是在氢氧火焰中熔炼。该技术的生产效率高,但矿物质杂质的含量还是很高,羟基浓度显著提升,石英玻璃具有分层的结构。

由于矿物质杂质的含量太高,这两类玻璃的品质因数都很低,不适于用来制造固体波动陀螺的谐振子。

第三类石英玻璃是通过 $SiCl_4$ 在氢氧火焰中高温水解制成的。这种石英玻璃中除了氯和羟基外,杂质含量很低,而羟基的浓度一般都很高,达到 $1300\mu g/g$。

纯度最高的是无羟基的第四类石英玻璃,通常对 $SiCl_4$ 进行高频等离子氧化制得,杂质浓度只有几个 $\mu g/g$。

后两类石英玻璃可用作固体波动陀螺的谐振子材料。

石英玻璃工业生产成块料、盘料、棒料和片料。产品的技术资料中规定的玻璃性能指标有吸收谱、杂质含量、光学均匀性、双光折射、条纹程度、结晶粒不均匀性、气泡等,但不包括品质因数。

当前对石英玻璃结构的认识很大程度上基于衍射法的研究数据,在由 SiO_4-四面体顶点连接起来的无序连续空间网格中进行研究。这时每个氧原子与两个硅原子结合,Si—O—Si 键角的平均值约为 $140°$,构成原子数量不同的平面环和空间环。当玻璃处于熔融平衡状态时,与温度相关的平衡常数决定了每种形式环的比例。缓慢冷却时,各种环的浓度比发生变化,但从某一时刻开始由于熔融物黏度的增加,结构的转化减缓,以至于过程不再平衡。

玻璃开始固化,它最终的结构与所谓的"结构"温度或"假想"温度时的平衡熔融物的结构一致。该约定温度为玻璃结构的宏观指标。由于不只是不同熔融块间的冷却条件各异,甚至在一个熔融块内也会不同,所以即使是一个牌号的不同石英玻璃块的性能也可能有差异。

石英玻璃结构对其内摩擦影响很大。温度低于100℃时,石英玻璃中的内摩擦主要取决于氧原子绕 Si—O—Si 键的运动。与氧原子只有一个最小势能的结晶石英不同,石英玻璃中氧原子有几个平衡位置,氧原子处于其上的概率几乎相同,这种情形如图 2.7 所示。振动时介质的形变会改变势阱的对称性,引起氧原子在邻近的 1~5 个位置间迁移,从而导致内摩擦。

这个耗散过程称为"结构弛豫"。所有的玻璃无一例外都有这个特性,尽管温度约 50K 时的结构弛豫强度最大,但这个耗散过程几乎完全决定了石英玻璃在 100℃ 以下时的耗散特性。

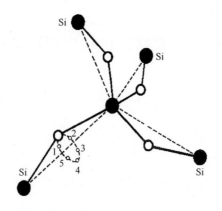

图 2.7　石英玻璃的原子迁移示意图

图 2.8 是石英玻璃 KУ-1 的品质因数与温度的关系图。从图 2.8 中可知,在 200℃ 的间隔内品质因数几乎变化了 2 个数量级。温度高于 100℃ 时另一个基础耗散过程——声子间相互作用过程的影响更为明显。

阿赫叶杰尔（Ахиезер）进行了这一现象的理论研究,由贝默尔（Bemmel）和德兰斯费尔德（Dransfeld）[5]进一步发展。振动波通过引起的介质形变会改变声子的频率,并破坏其分布,偏离普朗克平衡分布。

声子气热平衡的重建将伴随有波能量的消耗和品质因数的降低。也就是说,对于几千赫兹的频率,石英玻璃在 100~120℃ 范围内的品质因数最高。Northrop Grumman 公司的 HRG 130P 型固体波动陀螺就采用了石英玻璃的这个特性,陀螺机械部件的温度保持在 120℃ 左右。

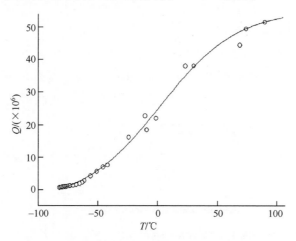

图 2.8　石英玻璃 KУ-1 的品质因数与温度的关系

2.4　固体波动陀螺制造过程中对石英玻璃的处理

2.4.1　表面机械加工特性

可以采用各种熟知的光学工业玻璃处理方法对固体波动陀螺谐振子进行形状处理,在一系列专著[2,6,7,31-33]中对玻璃的切削、研磨、抛光工艺已有详细的描述。这里我们将主要关注高品质因数谐振子生产过程中石英玻璃机械加工的独特之处。

1. 谐振子的轴对称性

谐振子的几何尺寸范围可以很宽,这只会影响固有频率值。若谐振子几何尺寸选择得当,尺寸公差允许达到零点几毫米。但对于谐振子来说轴对称性好很重要,谐振子内外半球中心的偏离、支架的不对称都会导致谐振子质量不平衡,只能通过调平来消除。

2. 机械加工后的表面状况

表面结构对振动能量的耗散有很大影响。机械加工后石英玻璃的表面不是理想光滑的,上面有裂纹和断口,很多会相当深,所以可以说表层的特性与玻璃基体的特性不同。表层中的内摩擦比整个玻璃的高很多,与振动时表面微粒的温度变化及微粒间产生的局部热传导有关。

图 2.9 为石英玻璃机械加工后的表层结构。1 为吸附层,由从周围环境吸附的粒子与表面的原子相互作用产生。2 为黏滞层,是玻璃抛光时研磨物质与玻璃表面相互作用的结果,形成硅酸水合物,其厚度为几十纳米。3 为微裂纹层,是压平凸起填平凹陷后形成的,其厚度可达零点几微米。凹陷深度由加工时所用的磨料颗粒尺寸决定,但裂纹的深度却深很多(层带 4)。机械加工还会导致远离表面的深处层带(层带 5)的塑性形变。这些层以下

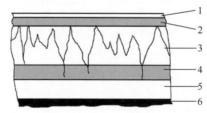

图 2.9　石英玻璃机械加工后的表层结构

1—吸附层;2—黏滞层;3—微裂纹层;4—裂纹;5—深度形变层;6—未受损材料。

的材料结构才与玻璃的整体结构一致。所有层带的总厚度取决于玻璃的机械加工过程。

为减小受损层的厚度,通常依次使用不同磨料进行表面处理,以使在一个处理工序产生的表面损伤可以在下一道工序中消除(渐进处理),从而减小表层的缺陷范围,提高谐振子的品质因数。

但正像用光学方法对石英玻璃表面进行研究得出的结论一样,即使表面抛光时非常谨慎,因为形成了氢氧化物 $SiO_x[OH]_y$,受损层厚度也有零点几微米。

此外,试验表明:石英玻璃研磨和抛光时所用的磨料的组分能够浸入基体深达 $0.1 \sim 0.2\mu m^{[152]}$,这就要求必须使用化学手段对石英玻璃谐振子表面进行最后的处理。

2.4.2 表面化学处理

通常采用化学腐蚀法去除石英玻璃的受损层,经常使用氢氟酸水溶液作为浸蚀剂。

玻璃 SiO_2 与氢氟酸溶液的化学反应表达式一般为

$$SiO_2 + 6HF \Longrightarrow H_2SiF_6 + 2H_2O \tag{2.6}$$

$$n \cdot H_2SiF_6 + 2n \cdot H_2O \Longrightarrow (SiO_2)_n + 6n \cdot HF \tag{2.7}$$

式中:n 为聚硅酸的聚合程度。

由于机械加工后石英玻璃的表层结构不均匀和组成不相同,不同部位采用的浸蚀速度各异。浸蚀产物一般为不同聚合程度的聚硅酸,它们将以不同方式吸附在不均匀的表面,阻碍浸蚀液与表面的反应。浸蚀液需要渗透凝胶状的浸蚀产物表层才能继续扩散,就减慢了整个浸蚀过程,结果造成浸蚀非常不均匀,表面粗糙度增加。

为去除反应形成的不溶于水的氟化物和氟硅酸盐,在浸蚀槽内添加强无机酸,一般为硫酸。硫酸还会与反应形成的水结合,从而确保浸蚀液中氢氟酸的高浓度。

也可以使用氢氟酸盐进行化学腐蚀,用氟化铵氟化氢铵 $NH_4F \cdot NH_4HF_2^{[1]}$ 最有效,它与硫酸反应时在浸蚀液中会形成氢氟酸,化学表达式如下:

$$2NH_4F + H_2SO_4 \longrightarrow (NH_4)_2SO_4 + 2HF$$

$$NH_4HF_2 + H_2SO_4 \longrightarrow (NH_4)_2HSO_4 + 2HF \tag{2.8}$$

为提高表面清洁的效率通常采用化学循环处理,一个循环包括制件在浸蚀液中的处理和在水中或硫酸中的清洗,这种循环可达几十次。为此,在浸蚀液中会添加表面活性物质——二甲基甲酰胺、丁醇和其他物质。选择化学浸蚀工艺时应确保材料的浸蚀速度足够快,不允许在裂纹处局部浸蚀。化学处理的结果与其前期的机械加工程度相关,机械加工等级越高,化学腐蚀的效果越小。经验表明,因表面的初始状态不同,化学腐蚀可以提高谐振子的品质因数 1.5~15 倍,而蚀掉层的厚度为 1~5μm。

2.4.3　石英玻璃退火

熔融的石英玻璃块的长度和直径可达几十厘米,而熔炼时玻璃基体的冷却条件与距表面的距离相关,因此即使在一个石英玻璃块中其结构也不相同。图 2.10 列出了几个石英玻璃块截面处羟基浓度与假想温度的值。

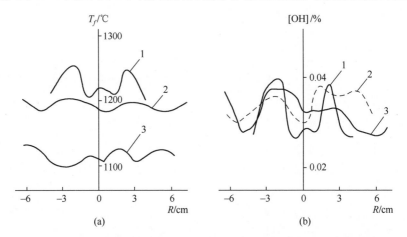

图 2.10　直径不同的石英玻璃块(曲线 1、2、3)的假想温度变化与羟基浓度变化
(a) 假想温度变化;(b) 羟基浓度变化。

还要指出的是,冷却时玻璃中会产生很大的内应力。石英块冷却过程数值仿真表明:由于热膨胀系数反常,可能会产生很大的残余应力,而且端面的中心是最危险的区域[109]。

石英玻璃的内应力改变了其内部的微观结构,使低温内摩擦变大,由这块玻璃切割而成的谐振子的品质因数不高,但可以通过退火的方式得到显著改善,退火过程中会产生玻璃内应力弛豫和结构弛豫。在温度 T 下对石英玻璃 KУ-1 制成的谐振子进行退火时,为使玻璃结构达到准平衡状态所必须的热处理时间应为 $6 \times 10^{-15} \exp(85800/RT)$ h[89]。尽管退火的温度范围是很宽的,但石英玻璃 KУ-1 的退火温度建议为 950~1050℃,较低温度会产生去氢氧应力表层,形成表面微裂纹,这将使谐振子的耗散特性急剧变差[90]。

退火制品的尺寸决定了冷却的方式。冷却过程中玻璃中会产生温度梯度和热应力。例如,对于以固定速度 V 冷却的厚度为 h 的玻璃片,其中间层的温度与表面的温度差 ΔT 可用下式计算:

$$\Delta T = \frac{h^2 V \rho C}{8 \chi} \tag{2.9}$$

式中:ρ 为玻璃密度;C 为 比热,χ 为热传导率。

这时玻璃中的残余应力为

$$\sigma = \frac{2E\alpha\Delta T}{3(1-\nu)} \tag{2.10}$$

式中:E 为弹性模量;α 为热膨胀系数;ν 为泊松系数。

通过给定残余应力的最大允许值,可以根据式(2.10)求出材料中的允许温度差,然后根据式(2.9)计算出最大冷却速度。举例:求厚度为 1cm 的石英玻璃片的最大冷却速度。假设允许的残余应力为 10^4Pa,取 $E = 7.36 \times 10^{10}$ Pa, $\alpha = 6 \times 10^{-7}$ K^{-1},$\nu = 0.18$,$C = 728$J/(kg·K) $\chi = 1.35$W/(m·K),$\rho = 2.2 \times 10^3$kg/m^3,得到温度差允许值 ΔT 应不超过 0.3K,则冷却速度应不超过 0.02K/s(约 1.2K/min)。将退火制件监控冷却到 920~950℃,然后应在炉中自然冷却,由于最大冷却速度与退火制件的厚度成反比,所以为了缩短退火时间,最好是对谐振子成品或半成品进行退火,而不是大块的原始毛坯。

2.4.4 低耗散的金属镀膜

为保证电容式传感器和激励器有效工作,在半球谐振子表面镀金属导电膜。表面金属化是谐振子的最后一道制造工序,进行过程中不应明显破坏前面制造工序达到的一些特性,比如,品质因数、固有频率裂解和质量不平衡。金属化问题应以膜层材料和镀覆方法的选择以及该过程最优状态的选取为前提。

首先以 Delco Electronics 公司的固体波动陀螺为例(图 B.1),研究一下谐振子金属膜应具备的电气特性。在这个结构中除了半球谐振子端面以外的整个表面都进行了金属化,这里端面起半球壳体内外镀层的隔离作用,这两个导电镀层分别通过支架的外端和内端与固体波动陀螺的电子线路模块连通。图 2.11 为谐振子金属镀层与外部线路的电气连接图。这样的线路有三个:测量回路、控制回路和激励回路。

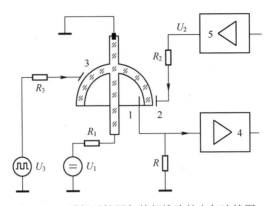

图 2.11 谐振子镀层与外部线路的电气连接图

1—测量电极；2—控制电极；3—环形激励电极；4—输入放大器；5—校正电压放大器。

（1）**测量回路**。该回路包括测量电极组 1(间隔 45°分布的四对内部测量电极)，它与内半球镀层形成电容，并与具有高输入阻抗 R 的输入放大器 4 连通，这时内半球镀层与直流电源 U_1 连接，电源的内阻抗为 R_1。

（2）**控制回路**。该回路包括控制电极 2(每四个相连的 16 个外部控制电极)，由输出阻抗为 R_2 的外部放大器向控制电极 2 施加控制电压 U_2，这时外半球的镀层接地。

（3）**激励回路**。该回路包括环形电极 3，与输出阻抗为 R_3 的外部矩形脉冲发生器 U_3 相连，这时测量回路中的内镀层与几千兆的大输入阻抗 R 放大器相连。

流过这些回路的电流很小，所以无论是镀层阻抗本身还是其圆度不均匀性都不会影响固体波动陀螺的参数。然而放大器输入阻抗的相同，以及测量电极与谐振子表面间隙的一致性却很重要，这些参数的不一致会导致耗散不均匀，产生与电压 U_1 相关的驻波系统性漂移。

固体波动陀螺性能指标与外镀层阻抗的关系也很小，根据文献[71]的研究结果，对于 $U_1 = 100V$ 和 $r = 1k\Omega$ 时，驻波的漂移速率估计约为 10^{-10}°/h。

还将讨论外镀层的另一个功能。在所研究的这个固体波动陀螺结构中，外镀层起屏蔽作用，它阻止施加到控制电极上的信号传输到输入放大器上。当固体波动陀螺以力反馈角速率传感器模式工作，且波节处的频率为振动频率时，这一点特别重要。如果半球镀层的阻抗忽略不计，则可以利用简单的等效电路(图 2.12)估算出这个传输的量。图中 C 为谐振子金属化薄壁与电极之间的电容；r 为内、外镀层的阻抗；R 为放大器的输入阻抗；C_F 为内、外镀层形成的电容，这两个镀层形成了一个电容相当大的电容器。

58

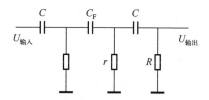

图 2.12 放大器输入端控制信号等效电路图

取 $RC \gg 1/\omega$,得到该回路传递系数公式:

$$\frac{U_{输出}}{U_{输入}} \approx Cr^2\omega^2 C_F \tag{2.11}$$

设 $C = 5\text{pF}$, $C_F = 100\text{pF}$, $r = 1\text{k}\Omega$ 和 $\omega = 10^4\pi/\text{s}$,计算得出,经过这个回路的控制信号减弱到小于原来的 $1/10^6$ 。还应注意的是,回路传递系数与镀层阻抗的平方成比例,当阻抗 r 等于 $10\text{k}\Omega$ 时,干扰电压显著增大。这个干扰电压或者通过在测量回路中差分接入电极的方式进行补偿,或者通过分时段进行信号读取操作和驻波控制操作的方式。

这样,对固体波动陀螺半球谐振子金属导电镀层的阻抗要求就不用很高,镀层总阻抗不超过几千欧姆即可。

镀层厚度的一致性更为重要。镀层厚度不均会导致谐振子质量不平衡,支点处的振动能量耗散,以及带来额外的固有频率裂解。如果沿方位角的镀层厚度不均不超过 3%~5%,这些影响会比较小,采用磁控溅射法可以达到这种一致性。喷镀过程中,谐振子必须沿同一纬度相对于喷枪旋转,为进一步改善喷镀的不均匀性可以在标靶上建立几个喷镀区,或者使用专用屏。

现在讨论弹性振动在镀层中的能量耗散。如果镀层材料中的内摩擦为 ζ_m ,而石英玻璃中的内摩擦为 ζ_g ,则金属化谐振子中的总内摩擦为

$$\zeta = 3\zeta_m\frac{E_m d_m}{E_g h} + \zeta_g \tag{2.12}$$

式中:E_m 、E_g 分别为镀层材料和石英玻璃的弹性模量;d_m 为镀层厚度;h 为谐振子壁厚。

经验表明:金属薄膜中的内摩擦比厚金属块中的内摩擦大很多。这是因为结构缺陷较多的薄膜中的耗散很强,以及在晶相结合边界处也有耗散过程,结果是金属镀层带给谐振子的内摩擦可达到 10^{-5}~10^{-6} ,大大降低了谐振子的品质因数。

有很多著作中都对薄膜中的内摩擦进行了研究[101,102,145,169,184]。发表的

数据表明,薄膜中的主要非弹性过程是晶粒间边缘的内摩擦,薄膜凝结时提高基底温度以及对镀层退火都会导致晶粒变大,这时,晶粒间接触表面减小,晶粒边界内摩擦强度降低。因此要减小固体波动陀螺谐振子金属镀层中的损耗,选择薄膜凝结和退火方式时,应使颗粒足够大,而薄膜中的机械应力最小,这是因为薄膜中机械应力高会显著增加与位错运动相关的内摩擦。

金属与基底的粘接好坏也对弹性振动能量在镀层中的耗散过程起很大作用。乍看起来,要剥离即使是与基底结合很弱的金属镀层也需要很大的应力,但这个应力在固体波动陀螺谐振子薄壳振动时是不会变大的,那么,当结合力为 0.2эB(该数值是凝结物与基底相互作用的表征范德华结合力)时,为此需要约 500MPa 的应力。但如果薄膜中有很大的残余机械应力或者应力局部集中时,那么即使振动时产生的额外应力不大,也可能导致微小区域中的镀层剥落,局部塑性形变,以及内摩擦增强。

往抛光表面镀覆铬薄膜(厚度达 100Å)可以在一定程度上满足这些要求。铬对石英玻璃的附着度高,而冷凝温度变化引起的内应力却小很多。铬镀层的缺点是其化学活性高,空气氧化相对较快(几十昼夜),导致导电性受损,内应力也发生变化。

除此之外,镀覆很薄的致密薄膜对表面的抛光质量也有很高的要求。图 2.13 为铬薄膜在不同冷凝温度下其内应力与厚度的关系。

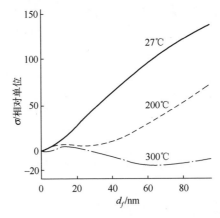

图 2.13　不同冷凝温度下铬薄膜内应力与厚度的关系

可见,薄膜厚度及冷却参数选择正确时,可以得到内应力很小的金属镀层。金膜没有这些缺点,但对石英玻璃的附着度很低,已知的增加金膜与玻璃结合强度的好方法就是预先镀覆对基底附着度高的金属底膜。

图 2.14 为 30mm 半球谐振子的品质因数与金膜厚度的关系,在 10nm 铬底膜上磁控喷镀金膜。

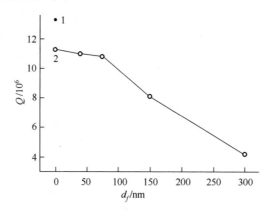

图 2.14　半球谐振子的品质因数与金膜(磁控喷镀到 10nm 铬底膜上)厚度的关系

点 1 对应的是无镀膜的谐振子品质因数,镀铬底膜后品质因数掉落到点 2,之后品质因数随着金膜厚度的增加而下降。

这个实验表明,镀金膜(厚度约 500Å)造成的损耗不大,但可以使镀膜具有足够高的化学稳定性。利用该金属化方法得到的谐振子的品质因数对于大多数固体波动陀螺的应用领域都是足够的。

2.5　固体波动陀螺谐振子的性能指标

2.5.1　频率特性

需要测量的半球谐振子主要频率特性指标应包括薄壳二阶振型弯曲振动的固有频率和与薄壳弹性–质量不均匀性相关的频率裂解。此外,还应测量谐振子与支架相关的固有频率的低频特性,这些频率不能接近工作频率。

测量薄壳的二阶振型频率通常不难,但应考虑谐振子振动频率与温度的关系,这与弹性模量随温度变化有关,温度每变化 1℃,频率相应变化约 10^{-4}。根据试验测得的谐振子温度曲线,可求出固体波动陀螺工作时的温度,并带入驻波系统性漂移的参数修正量。

1. 固体波动陀螺谐振子固有频率裂解的测量

最简单的谐振子固有频率裂解测量方法是节拍法,测量方法如图 2.15

所示。谐振子唇沿处的两个电容传感器 Д1 和 Д2 用来测量振动，而电极 ЭВ1 和 ЭВ2 用来激励振动。开关 S1 闭合时，正反馈线路闭合并形成自激振荡器，它包括带宽放大器 1、移相器 2 和直流电源 E。自激振荡器的频率由包含在反馈线路中的半球谐振子给定，如果谐振子的固有轴不是正对着传感器 Д1 和 Д2，那么在谐振子中将沿两个固有轴都激励出振动。

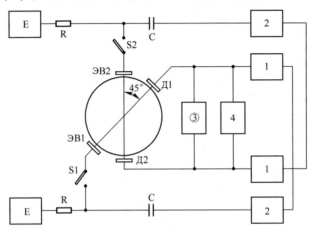

图 2.15　谐振子固有频率裂解测量线路

开关 S1 断开时，振动将变成自由衰减振动，而且来自两个传感器的信号将是脉冲谐波，这些脉冲的周期（节拍）约为 $\Delta f^{-1} = 2\pi\Delta_4^{-1}$。当沿着固有轴的自由振动衰减时间 $\tau_{1,2}$ 互相接近并大大超过了节拍周期时，可以通过测量节拍周期精确求出 Δf。绕轴旋转谐振子，使其固有轴的方向与传感器 Д1 和 Д2 重合。这时假如沿 ЭВ1–Д1 方向激励振动，则在另一轴上（ЭВ2–Д2 方向）没有振动，也就是说，这样的结构允许沿着谐振子的各固有轴独立激励振动，可以使用示波器 3 测量频率差。将传感器 Д1 和 Д2 与示波器的输入端 X 和 Y 接通，在示波器屏幕上显示出利萨图（椭圆），根据利萨图的变化可以轻松求出 Δf。较精确的测量方法是将一个传感器的信号作为基准信号，利用相位计 4 测出固有频率裂解。即使 $\Delta f^{-1} > \tau_{1,2}$，通过测量第二个传感器的信号相位变化速率也可以可靠地求出 Δf 的值。

2. 谐振子固有频率低频模态的测量

固体波动陀螺半球谐振子的低频谱内可能会有几个与支架相关的固有频率，它们与谐振子的二阶振型频率相当接近，分别为支架的扭转振动、支架的弯曲振动，以及半球壳相对于固定支架的振动。

在谐振子的结构设计阶段计算固有频率的低频模态，其计算的可信度可用试验检验，最简单的固有频率低频模态测量方法是冲击法。如图 2.16

所示,谐振子 1 固定在基座 2 上,其固定方式应为仪表中的实际固定方式,通过锤击谐振子的薄壳或支架激励振动。试验在空气中进行,采用连接着放大器 5 的麦克风 3 或压电传感器 4 记录振动,用频谱分析仪 6 测量信号的幅频特性。

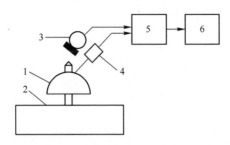

图 2.16　半球谐振子的频率测量

此方法虽然简单,但得到的数据相当可靠。空气中得到的固有频率值与真空中的相差无几,试验的主要误差与频谱分析仪的分辨率有关,其分辨率通常为几十赫兹。

图 2.17 为测得的 30mm 半球谐振子的固有频率低频模态示例。

采用试验数据与计算数据比对的方法辨识频率点,例如在图 2.17 中,3200Hz 频率点对应支架的弯曲振动,3750Hz 点对应支架的扭转振动,4500Hz 对应二阶振型弯曲振动,6875Hz 对应半球壳绕支架的振动。

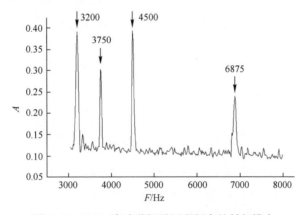

图 2.17　30mm 半球谐振子固有频率的低频模态

2.5.2　品质因数

通常使用自由衰减振动法测量石英谐振子的品质因数,而激励谐振子

63

振动有很多不同的方法,比如对薄壳进行机械撞击激励振动,或利用交流电激励振动。

利用自由振动衰减时间的测量值,根据式(2.3)计算谐振子的品质因数。由于残余气体的分子与谐振子运动壳壁的碰撞会导致振动能量的额外耗散,振动衰减时间的测量应在真空中进行,这个额外损耗与残余气压成正比:

$$\varsigma(P) = \frac{1}{Q_{gas}} = \frac{P}{2\pi V f h \rho} \tag{2.13}$$

式中:P 为残余气压;f 为振动频率;V 为残余气体分子的平均热运动速度;h 为谐振子壁厚;ρ 为谐振子材料密度。

当谐振子安装成陀螺时,陀螺中的振动间隙很小,这样气体摩擦的影响会急剧增加。这时,间隙中气体的浓度改变,浓度的再平衡会因气体需要流过间隙而有些滞后,同时伴随有振动能向热能的不可逆转换。

如果石英谐振子的品质因数超过 10^7,那么测量时必须考虑吸附其表面的大气中水分子的影响。水在石英玻璃上的吸附机理相当复杂,一般情况下石英玻璃表面是完全羟基化的,根据普遍认可的吸附机理,水分子的吸附是利用氧键与临近表面的羟基结合,形成双活性中心的过程(图 2.18(a))。

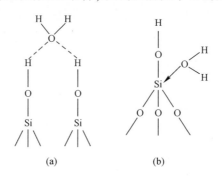

图 2.18   水在石英玻璃上的吸附机理

在水分子向完全氢氧化的表面吸附时首先覆盖了所有的表面活性中心,形成失去一定迁移性的单层。接下来的吸附过程是在单层里已经吸附的水分子上形成水分子团,这些分子团环在表面形成了多层。

另一个机理是利用配价键与硅原子结合形成吸附的组合物(图 2.18(b))。氧键与配价键在振动时可能会断开,这种力学引发的键断裂可能会引起分子的解吸,或是经过某段时间形成新的结合。任何情况下水解作用都会消耗弹性振动的能量,而增加谐振子中的内摩擦。

64

气体摩擦不同过程的影响如图 2.19 所示,图中给出了半球谐振子中内摩擦与残余气压的关系曲线。这两个曲线分别对应室温下谐振子在空气中的内摩擦与残余气压的关系 1 以及将它放置在真空中 10 天后的内摩擦与残余气压的关系 2。

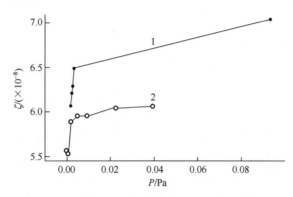

图 2.19　谐振子中内摩擦与残余气压的关系曲线
1—初始状态;2—真空中放置 10 天后的状态。

当残余气压高于 3.5×10^{-3}Pa 时,水分子在石英玻璃表面活性中心的吸附速度比解吸速度快得多,水化单层完全形成,它所带来的振动能量损耗固定不变,并与压强无关,这个区域观测到的只有式(2.13)所描述的气体摩擦。但当残余气压低于 3.5×10^{-3}Pa 时,水化单层部分被填充,振动能量损耗与填充程度成正比,所以关系曲线 $\zeta(P)$ 的斜率急剧增大。总体来说,关系曲线 $\zeta(P)$ 的形状与微孔隙刚体的吸附等温线相一致,也就是与目前对石英玻璃表面结构的认识相符。

从图 2.19 还能看出,内摩擦还与谐振子在真空中放置的时间有关。这个影响是因为在石英玻璃表面存在如图 2.18(b)所示的带有配价键的稳定吸附复合物,为消除吸附的耗散影响,必须在测量前将谐振子放在真空中加热到 150~200℃。

如果所研究的谐振子还存在质量不平衡,那么品质因数的测量结果还将与谐振子固定的牢固程度有关,这是因为质量不平衡会引起支架的振动,谐振子支点处会有振动能量耗散。为消除该影响必须对谐振子进行调平,使残余的质量不平衡不超过 $30\mu g$,在这种残余质量不平衡条件下支点处的能量耗散带来的内摩擦小于 10^{-10},可以忽略不计。测量未调平的谐振子的品质因数时,应采取措施减弱振动能量向支点处的传递,比如使用吊丝支撑等方法。

2.5.3　质量不平衡

谐振子的质量不平衡引起其质心摆动,最终会在支点处产生交变力。未调平的谐振子以幅值 a 和圆频率 ω 振动时,支点处的反作用力在笛卡儿坐标系中可近似表示成如下形式:

$$F_x = 0.25a\omega^2 \left[3M_1\cos(2\theta-\varphi_1) + M_3\cos(2\theta-3\varphi_3) \right]\sin\omega t$$

$$F_y = 0.25a\omega^2 \left[3M_1\sin(2\theta-\varphi_1) - M_3\sin(2\theta-3\varphi_3) \right]\sin\omega t \qquad (2.14)$$

$$F_z = 0.5a\omega^2 \left[M_2\cos(2\theta-2\varphi_2) \right]\sin\omega t$$

式中:$M_1 \sim M_3$ 和 $\phi_1 \sim \phi_3$ 为质量不平衡的参数;θ 为谐振子中驻波的方位。

可以通过测量驻波不同方位时支点处的反作用力求出质量不均匀参数。专利[188]建议了一种测量质量不均匀参数的简便方法。该方法是对未调平谐振子的支架振动进行测量,方法示意如图 2.20 所示。谐振子 1 预先消除了固有频率裂解,支架的一端弹性固定,而另一端接有压电传感器 2。

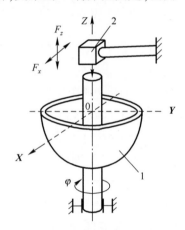

图 2.20　未调平半球谐振子支架振动的测量

该传感器能够敏感 XOZ 平面内任意方向的振动。传感器信号幅值 U 与支架的振动幅值成正比,当驻波沿 X 方向振荡时,根据式(2.14)中的第一个方程,且 $\theta=0$ 时,幅值为

$$U = K_1(3M_1\cos\varphi_1 + M_3\cos\varphi_3) + K_2M_2\cos2\varphi_2 \qquad (2.15)$$

式(2.15)表达了压电传感器信号幅值与谐振子旋转位置角 φ 的相互关系,通过测量振动在驻波方位方向上的投影可以得到这样相对简单的关系。

若将谐振子绕其轴朝图 2.20 中箭头所指的方向旋转某个角度 φ,则式(2.15)中的所有角度值都应加上这个变化量,于是沿 X 轴(对应 $\theta=0$)再

66

次激励驻波时将得到以下表达式：

$$U(\varphi) = K_1 \left[3M_1\cos(\varphi+\varphi_1) + M_3\cos3(\varphi+\varphi_3) \right] + K_2M_2\cos2(\varphi+\varphi_2)$$
$$= U_{01}\cos(\varphi+\varphi_1) + U_{02}\cos2(\varphi+\varphi_2) + U_{03}\cos3(\varphi+\varphi_3) \qquad (2.16)$$

式中：K_1、K_2 为试验求出的系数。

通过测量谐振子绕其轴旋转时压电传感器的电压得到关系式 $U(\varphi)$。图 2.21 为这个关系的举例，是研究 30mm 直径半球谐振子时测得的关系曲线，U 的负值对应振动相位变化了 180°。

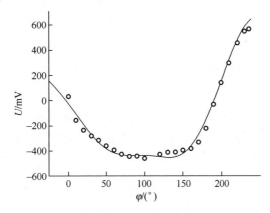

图 2.21 压电传感器信号与谐振子转角的关系曲线

用函数式(2.16)近似得到这些点，得到与 $M_1 \sim M_3$ 和 $\phi_1 \sim \phi_3$ 成正比的参数 $U_{01} \sim U_{03}$，为：$U_{01} = 549.2\text{mV}$；$\varphi_1 = 88.3°$；$U_{02} = 122.7\text{mV}$；$\varphi_2 = 106.2°$；$U_{03} = 63.2\text{mV}$；$\varphi_3 = 6.0°$。

该方法的优点是简便性：只使用一个传感器进行全部测量，驻波的激励和测量在同一个条件下进行。代替压电传感器还可使用其他类型的传感器，如电容式、电磁式等。

2.6 半球谐振子调平

固体波动陀螺谐振子调平的目的是去除不平衡的质量。有大量专利给出了调平过程的各种工艺实现方法，但一般可以分为两类。第一类是去除谐振子的单个点质量（比如采用激光法）；第二类是材料表面处理法（比如化学侵蚀或离子刻蚀法）。本节将研究利用这些方法调平固体波动陀螺谐振子时的一些调平特点。

1. 去除点质量法调平固体波动陀螺的谐振子

当从半球谐振子 $\varphi=0$ 的壳体位置处去除点质量 Δm 时,沿圆周角 φ 单位角度上的质量分布可用傅里叶级数 δ 表达式表示:

$$M(\varphi) = M_0 - 2\Delta m \sum_{i=1}^{\infty} \cos i\varphi \qquad (2.17)$$

从式(2.17)可以理解与谐振子点质量调平相关的一些问题。假设需要去除值为 M_1 的一次谐波的不平衡质量,为简便起见将其相对于谐振子的方位设为 0,通过从谐振子唇沿 $\varphi=0$ 方位去掉点质量 $\Delta m = M_1/2$ 消除这个一次谐波的不平衡质量,但同时会形成同样大小的二、三、四次谐波的不平衡质量,这些不平衡也是必须消除的,而且在消除这些谐波的不平衡质量时还会出现新的与之成倍数的谐波的不平衡质量。也就是通过两个质量点消除二次谐波的不平衡质量时会伴随出现四次谐波,消除三次谐波时,会出现六次谐波等,以此类推。这时消除任何谐波的不平衡质量,都要求在几个点上严格去掉一定量的材料。比如,消除一次谐波的不平衡质量 $M_1 \cos\varphi$,要在 10 个点处去除质量(图 2.22)。

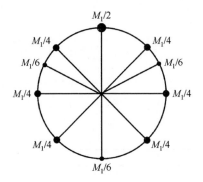

图 2.22　调平一次谐波的不平衡质量时的点质量去除示意图

正如前面所述,为避免调平时降低谐振子的品质因数,不是直接从半球薄壳上去除点质量,而是在专门的调平齿上完成。

接下来作为例子来研究一下 $M_1 \cos(\varphi+\alpha)$ 形式的一次谐波的不平衡质量的消除方法,式中 $\alpha > 0$。

假设半球谐振子有 24 个调平齿,而且第 1 个调平齿的中心位置对应 $\varphi=0$ 方位,齿的角宽等于齿之间的角间隔。

由于一般情况下不平衡质量的方位与齿的方位并不重合,则改写谐振子质量不均匀表达式为

$$M_1\cos(\varphi+\alpha)=M_1\cos\alpha\cos\varphi-M_1\sin\alpha\sin\varphi \tag{2.18}$$

从式(2.18)可以得出,要消除带齿谐振子的一次谐波的不平衡质量,必须单独去除它的余弦分量和正弦分量。此外,还要考虑的是,式(2.17)表示的数学模型成立的条件是去除点质量,而从未形变的调平齿上去除质量不能认为是去除点质量的,所以代替式(2.17)应采用下面的表达式:

$$M(\varphi)=M_0-2\Delta m\sum_{i=1}^{\infty}\left(\frac{\sin i\Delta\varphi}{i\Delta\varphi}\right)\cos i\varphi \tag{2.19}$$

式中:$\Delta\varphi$ 为齿的角宽。在所研究的这个例子中 $\Delta\varphi=7.5°$,于是式(2.19)可改写成下面形式:

$$M(\varphi)=M_0-2\Delta m(0.997\cos\varphi+0.989\cos2\varphi+0.975\cos3\varphi+0.955\cos4\varphi+\cdots)$$

$$\tag{2.20}$$

从第 1 个齿(它的方位对应 $\varphi=0$)上去除质量 $m_1=M_1\cos\alpha/(2\times0.997)$,可以消除式(2.18)中的一次谐波的不平衡质量的余弦分量。正弦部分可以表达为:$-M_1\sin\alpha\sin\varphi=M_1\sin\alpha\cos(\varphi+\pi/2)$。这时在 $\varphi=270°$ 方位上的不平衡质量最大。为消除这个谐波的不平衡质量从第 19 个齿上去除质量,大小为 $m_{19}=M_1\sin\alpha/(2\times0.997)$。

经过这些操作后将完全消除 $M_1\cos(\varphi+\alpha)$ 形式的所有不平衡质量,但同时又形成了新的谐波的不平衡质量,具体如下:

$$\widetilde{M}(\varphi)=-\frac{0.989}{0.997}M_1(\cos\alpha-\sin\alpha)\cos2\varphi-$$

$$\frac{0.975}{0.997}M_1(\cos\alpha\cos3\varphi+\sin\alpha\sin3\varphi)-$$

$$\frac{0.955}{0.997}M_1(\cos\alpha+\sin\alpha)\cos4\varphi \tag{2.21}$$

为消除形成的二次谐波的不平衡质量,分别从第 7 个齿($\varphi=90°$)和第 19 个齿($\varphi=270°$)上去掉相等的质量:

$$m_7=m_{19}=\frac{0.989M_1}{4\times(0.997)^2}(\cos\alpha-\sin\alpha) \tag{2.22}$$

这个操作消除了二次谐波的不平衡质量(即式(2.21)中的第一个被加项),但形成了额外的四次谐波的不平衡质量:

$$-\frac{0.955\times0.989}{(0.997)^2}(\cos\alpha-\sin\alpha)M_1\cos4\varphi$$

则总的四次谐波的不平衡质量为

$$\widetilde{M}_4 = -M_1 \frac{0.955}{0.997} \left[\cos\alpha + \sin\alpha + \frac{0.989}{0.997}(\cos\alpha - \sin\alpha) \right] \cos4\varphi \quad (2.23)$$

该偏差通过分别从第 4、第 10、第 16 和第 22 齿（对应 $\varphi = 45°$、$135°$、$225°$ 和 $315°$）上去除相等的质量消除：

$$m_4 = m_{10} = m_{16} = m_{22} = \frac{M_1}{4 \times 0.997} \left[\cos\alpha + \sin\alpha + \frac{0.989}{0.997}(\cos\alpha - \sin\alpha) \right] \quad (2.24)$$

余下要消除三次谐波的不平衡质量（即式（2.21）中的第二个被加项），该谐波通过分别从第 5、第 13 和第 21 齿上去除相等的质量：

$$m_5 = m_{13} = m_{21} = \frac{M_1\cos\alpha}{6 \times 0.997} \quad (2.25)$$

以及从第 3、第 11 和第 19 齿上去除相等的质量来消除：

$$m_3 = m_{11} = m_{19} = \frac{M_1\sin\alpha}{6 \times 0.997} \quad (2.26)$$

总结得出 $M_1\cos(\varphi+\alpha)$ 形式不平衡质量的消除算法，如表 2.2 所列。

表 2.2　$M_1\cos(\varphi+\alpha)$ 形式的不平衡质量的消除算法

齿序号 i	去 除 质 量
1	$\dfrac{M_1\cos\alpha}{2 \times 0.997}$
3	$\dfrac{M_1\sin\alpha}{6 \times 0.997}$
4	$\dfrac{M_1}{4 \times 0.997}\left[\cos\alpha + \sin\alpha + \dfrac{0.989}{0.997}(\cos\alpha - \sin\alpha)\right]$
5	$\dfrac{M_1\cos\alpha}{6 \times 0.997}$
7	$\dfrac{0.989M_1}{4 \times (0.997)^2}(\cos\alpha - \sin\alpha)$
10	$\dfrac{M_1}{4 \times 0.997}\left[\cos\alpha + \sin\alpha + \dfrac{0.989}{0.997}(\cos\alpha - \sin\alpha)\right]$
11	$\dfrac{M_1\sin\alpha}{6 \times 0.997}$
13	$\dfrac{M_1\cos\alpha}{6 \times 0.997}$
16	$\dfrac{M_1}{4 \times 0.997}\left[\cos\alpha + \sin\alpha + \dfrac{0.989}{0.997}(\cos\alpha - \sin\alpha)\right]$

（续）

齿序号 i	去 除 质 量
19	$\dfrac{2M_1\sin\alpha}{3\times0.997}+\dfrac{0.989M_1}{4\times(0.997)^2}(\cos\alpha-\sin\alpha)$
21	$\dfrac{M_1\cos\alpha}{6\times0.997}$
22	$\dfrac{M_1}{4\times0.997}\left[\cos\alpha+\sin\alpha+\dfrac{0.989}{0.997}(\cos\alpha-\sin\alpha)\right]$

所得结果表明,利用点质量去除法调平半球谐振子的过程非常复杂,主要是从技术角度来看,从每个齿上去除精确的质量是非常复杂的。

若使用激光去除不平衡的质量,则可以利用固有频率裂解的变化来监控去除质量的多少。例如,假设平衡一个初始固有频率裂解为 $0(\Delta\omega=0)$ 的谐振子,从第 1 个齿上去除质量 $M_1\cos\alpha/(2\times0.997)$ 导致了四次谐波的不平衡质量的出现,大小为 $0.955M_1\cos\alpha\cos4\varphi/0.997$,从而出现了如下固有频率裂解:

$$\Delta_4=\frac{\omega}{2}\left(\frac{0.955M_1\cos\alpha}{0.997}\right)\frac{1}{M_e} \tag{2.27}$$

式中:M_e 为有效质量,$M_e=1.52961\times M/8$（M 为半球质量）;ω 为谐振子振动频率。

这样,从第 1 个齿上去除相应的质量,直到固有频率裂解大小达到式(2.27)求出的值为止。然后通过监控 $\Delta\omega$ 变化的过程,再依次修正其他调平齿。最后一个齿处理完后,频率裂解应回到 0。该方法可以避免因表面特性改变或激光功率改变等问题造成的激光法的不稳定。

还有一种较简单的调平带齿半球谐振子的点质量去除方法,同样以消除式(2.18)描述的一次谐波的不平衡质量为例进行讨论。

将根据下面的规律从调平齿上去除质量:

$$M_{y\partial i}=m\left[1+\cos(\varphi_i+\alpha)\right] \tag{2.28}$$

式中,φ_i 为这个齿的角位置;m 为质量系数;$M_{y\partial i}$ 为从第 i 个齿上去除的质量。

这时根据谐振子质量沿圆周角的初始分布可以计算出式(2.28)去除质量时发生的总的质量分布 $\sum\limits_{i=1}^{16}M_{y\partial i}(\varphi)$,表 2.3 中列出了 16 齿谐振子的质量分布 $M_{y\partial i}(\varphi)$。

表 2.3 从 16 齿谐振子的第 i 个齿上去除质量 $m/2$ 时发生的质量分布

齿序号 i	质量分布 $M_{y\delta i}(\varphi)$
1	$-m(\cos\varphi+\cos2\varphi+\cos3\varphi+\cos4\varphi)$
2	$-m[\cos(\varphi-22.5°)+\cos2(\varphi-22.5°)+\cos3(\varphi-22.5°)+\cos4(\varphi-22.5°)]$ $\approx -m(0.924\cos\varphi+0.383\sin\varphi+0.707\cos2\varphi+0.707\sin2\varphi+0.383\cos3\varphi+0.924\sin3\varphi+\sin4\varphi)$
3	$-m[\cos(\varphi-45°)+\cos2(\varphi-45°)+\cos3(\varphi-45°)+\cos4(\varphi-45°)]$ $\approx -m(0.707\cos\phi+0.707\sin\varphi+\sin2\varphi-0.707\cos3\varphi+0.707\sin3\varphi-\cos4\varphi)$
4	$-m[\cos(\varphi-67.5°)+\cos2(\varphi-67.5°)+\cos3(\varphi-67.5°)+\cos4(\varphi-67.5°)]$ $\approx -m(0.383\cos\varphi+0.924\sin\varphi-0.707\cos2\varphi+0.707\sin2\varphi-0.924\cos3\varphi-0.383\sin3\varphi-\sin4\varphi)$
5	$-m[\cos(\varphi-90°)+\cos2(\varphi-90°)+\cos3(\varphi-90°)+\cos4(\varphi-90°)]$ $\approx -m(\sin\varphi-\cos2\varphi-\sin3\varphi+\cos4\varphi)$
6	$-m[\cos(\varphi-112.5°)+\cos2(\varphi-112.5°)+\cos3(\varphi-112.5°)+\cos4(\varphi-112.5°)]$ $\approx -m(-0.383\cos\varphi+0.924\sin\varphi-0.707\cos2\varphi-0.707\sin2\varphi+0.924\cos3\varphi-0.383\sin3\varphi+\sin4\varphi)$
7	$-m[\cos(\varphi-135°)+\cos2(\varphi-135°)+\cos3(\varphi-135°)+\cos4(\varphi-135°)]$ $\approx -m(-0.707\cos\varphi+0.707\sin\varphi-\sin2\varphi+0.707\cos3\varphi+0.707\sin3\varphi-\cos4\varphi)$
8	$-m[\cos(\varphi-157.5°)+\cos2(\varphi-157.5°)+\cos3(\varphi-157.5°)+\cos4(\varphi-157.5°)]$ $\approx -m(-0.924\cos\varphi+0.383\sin\varphi+0.707\cos2\varphi-0.707\sin2\varphi-0.383\cos3\varphi+0.924\sin3\varphi-\sin4\varphi)$
9	$-m[\cos(\varphi-180°)+\cos2(\varphi-180°)+\cos3(\varphi-180°)+\cos4(\varphi-180°)]$ $\approx -m(-\cos\varphi+\cos2\varphi-\cos3\varphi+\cos4\varphi)$
10	$-m[\cos(\varphi-202.5°)+\cos2(\varphi-202.5°)+\cos3(\varphi-202.5°)+\cos4(\varphi-202.5°)]$ $\approx -m(-0.924\cos\varphi-0.383\sin\varphi+0.707\cos2\varphi+0.707\sin2\varphi-0.383\cos3\varphi-0.924\sin3\varphi+\sin4\varphi)$
11	$-m[\cos(\varphi-225°)+\cos2(\varphi-225°)+\cos3(\varphi-225°)+\cos4(\varphi-225°)]$ $\approx -m(-0.707\cos\varphi-0.707\sin\varphi+\sin2\varphi+0.707\cos3\varphi-0.707\sin3\varphi-\cos4\varphi)$
12	$-m[\cos(\varphi-247.5°)+\cos2(\varphi-247.5°)+\cos3(\varphi-247.5°)+\cos4(\varphi-247.5°)]$ $\approx -m(-0.383\cos\varphi-0.924\sin\varphi-0.707\cos2\varphi+0.707\sin2\varphi+0.924\cos3\varphi+0.383\sin3\varphi-\sin4\varphi)$
13	$-m[\cos(\varphi-270°)+\cos2(\varphi-270°)+m\cos3(\varphi-270°)+\cos4(\varphi-270°)]$ $\approx -m(-\sin\varphi-\cos2\varphi+\sin3\varphi+\cos4\varphi)$
14	$-m[\cos(\varphi-292.5°)+\cos2(\varphi-292.5°)+\cos3(\varphi-292.5°)+m\cos4(\varphi-292.5°)]$ $\approx -m(0.383\cos\varphi-0.924\sin\varphi-0.707\cos2\varphi-0.707\sin2\varphi-0.924\cos3\varphi+0.383\sin3\varphi+\sin4\varphi]$
15	$-m[\cos(\varphi-315°)+\cos2(\varphi-315°)+\cos3(\varphi-315°)+\cos4(\varphi-315°)]$ $\approx -m(0.707\cos\varphi-0.707\sin\varphi-\sin2\varphi-0.707\cos3\varphi-0.707\sin3\varphi-\cos4\varphi)$
16	$-m[\cos(\varphi-337.5°)+\cos2(\varphi-337.5°)+\cos3(\varphi-337.5°)+\cos4(\varphi-337.5°)]$ $\approx -m(0.924\cos\varphi-0.383\sin\varphi+0.707\cos2\varphi-0.707\sin2\varphi+0.383\cos3\varphi-0.924\sin3\varphi-\sin4\varphi)$

α 数值给定的情况下,根据式(2.28)计算出从每个齿上去除的质量。假设 $\alpha=174°$,根据式(2.28)计算的结果列于表 2.4 中。

表 2.4 $\alpha=174°$ 时,去除的质量值

齿序号 i	齿角位置 $\varphi_i/(°)$	去除质量($M_{y\partial i}=m[\,1+\cos(\varphi_i+\alpha)\,]$)
1	0	$0.0055m$
2	22.5	$0.0412m$
3	45	$0.2229m$
4	67.5	$0.5228m$
5	90	$0.8955m$
6	112.5	$1.284m$
7	135	$1.6293m$
8	157.5	$1.8788m$
9	180	$1.9945m$
10	202.5	$1.9588m$
11	225	$1.7771m$
12	247.5	$1.4772m$
13	270	$1.1045m$
14	292.5	$0.716m$
15	315	$0.3707m$
16	337.5	$0.1212m$

将从每个齿上去除的质量值代入表 2.3 的角分布表达式中,这些值的和表示如下:

$$\sum_{i=1}^{16} M_{y\partial i}(\varphi) = \sum_{i=1}^{16} M_{1ci}\cos\varphi + \sum_{i=1}^{16} M_{1si}\sin\varphi + \sum_{i=1}^{16} M_{2ci}\cos2\varphi + \sum_{i=1}^{16} M_{2si}\sin2\varphi +$$

$$\sum_{i=1}^{16} M_{3ci}\cos3\varphi + \sum_{i=1}^{16} M_{3si}\sin3\varphi + \sum_{i=1}^{16} M_{4ci}\cos4\varphi + \sum_{i=1}^{16} M_{4si}\sin4\varphi$$

$$(2.29)$$

式(2.29)中被乘数为

$$\sum_{i=1}^{16} M_{1ci} = 15.9134m, \quad \sum_{i=1}^{16} M_{1si} = 1.6724m; \quad \sum_{i=1}^{16} M_{2ci} = 0,$$

$$\sum_{i=1}^{16} M_{2si} = 0; \quad \sum_{i=1}^{16} M_{3ci} = 0, \quad \sum_{i=1}^{16} M_{3si} = 0; \quad \sum_{i=1}^{16} M_{4ci} = 0, \quad \sum_{i=1}^{16} M_{4si} = 0$$

$$(2.30)$$

从式(2.30)得出,根据表 2.4 给定的调平算法进行调平时,m 为任何值都不会产生二、三、四次谐波的不平衡质量。为消除现有的一次谐波的不平衡质量,选择 m 时,应使余弦被乘数 $\sum_{i=1}^{16} M_{1ci}$ 和正弦被乘数 $\sum_{i=1}^{16} M_{1si}$ 可以补偿

表达式(2.18)中相应的被乘数,即

$$15.9134m - 0.995M_1 = 0$$
$$1.6724m - 0.105M_1 = 0$$
(2.31)

可以使用这两个方程中的任意一个求出系数 m,得到 $m = 0.0625M_1$,将此数值代入表2.4中的右列,计算出每个齿上被去除的质量。类似的还可以去除其他谐波的不平衡质量。调平 k 次谐波时从谐振子每个齿上去除的质量公式为

$$M_{y\pi i,k} = \frac{M_k}{N} \left[1 + \cos k(\varphi_i + \varphi_{0k}) \right]$$
(2.32)

式中:M_k 和 φ_{0k} 为 k 次谐波的不平衡质量参数;φ_i 为第 i 个齿的角位置;N 为谐振子的总齿数。

图2.23为用两种算法从24齿谐振子上去除同一个一次谐波的不平衡质量(相对值)的柱状图。

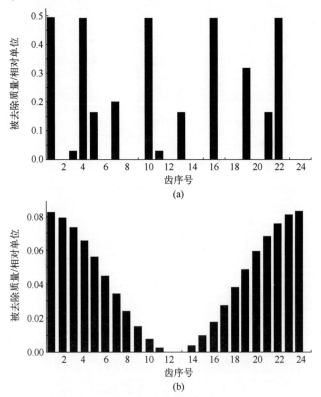

图 2.23　两种调平算法消除一次谐波的不平衡质量($\varphi_{01} = 10°$)时从各齿上去除的质量

(a) 第一种算法; (b) 第二种算法。

74

两种结果比对得出,采用第二种算法时去掉的总质量是采用第一种算法去除总质量的1/3,而且单点最大去除质量约是1/6。鉴于此,该调平算法更便于实现。文献[193]描述了使用该算法进行带齿金属谐振子调平的工艺例子,现在进行具体阐述。

采用电化学法去除不平衡的质量(图2.24)。

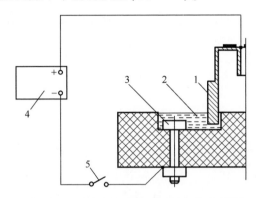

图2.24 从齿表面溶解金属的电化学腐蚀
1—谐振子;2—电解液;3—电极;4—电源;5—开关。

谐振子1(图2.25(a))浸在腐蚀槽2(图2.25(b))中,这时每个齿浸在单独格子的电解液中。电解槽的壳体由氟塑料制成,有数个由薄隔板相互隔离的格子(数量由齿数决定),每个格子底部拧有一个与电源连通的电极3,由电源4经过开关5向电极通直流电进行金属的电化学腐蚀,谐振子1通过单独的导线接地。

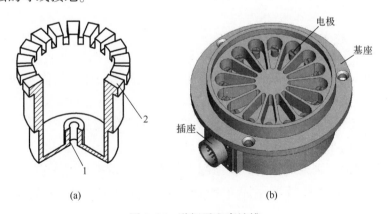

(a)　　　　　　　　　　(b)

图2.25 谐振子和腐蚀槽
(a)固体波动陀螺带齿金属谐振子的结构;(b)谐振子电化学处理用带隔断的腐蚀槽。
1—固定支架;2—调平齿。

根据法拉第磁感应定律,被去除的金属量与被处理表面通过的电荷数成正比。于是为从第 i 个调平齿上去除质量 m_i,其表面要通过的电荷为

$$Q_i = \frac{m_i}{K}$$

式中:K 为常数。

根据单位腐蚀时间内损失的质量试验求出常数 K。用直流电 I 的通电时间 t_i 监控第 i 个齿表面通过的电荷数 Q_i,公式为

$$t_i = \frac{Q_i}{I}$$

电流的计算公式为

$$I = \rho S$$

式中:S 为单个调平齿的表面积;ρ 为根据电解液具体组分和电化学腐蚀温度建议的电流密度。

电解液可以使用任何电化学腐蚀用的溶液,推荐酸性电解液,可以溶解掉金属电化学腐蚀形成的产物。电化学处理后用蒸馏水清洗谐振子并烤干。

齿表面通过的电流 I 的稳定性和处理时间 t_i 的控制误差决定了从调平齿上去除质量的精度。实际上这些值的误差不超过 $0.01\% \sim 0.1\%$,可以保证不平衡质量去除的高精度。该方法的优点是可以从不同的调平齿上去除不同的材料量,并且可同时处理全部调平齿,进而大幅减少总的调平时间。

图 2.26 为电化学去除不平衡质量过程中固有频率裂解的变化情况。初始的固有频率裂解为 20.7Hz,最终为 0.03Hz,正像图中所示,被去除质量与处理时间的关系几乎是线性的。电化学材料去除法还可简便实现对前三次谐波的不平衡质量的调平。

2. 从表面去除材料进行固体波动陀螺谐振子的调平

在实际的半球谐振子中不平衡质量是分布在整个薄壳上的。比如典型的一次谐波的不平衡质量的产生原因就是内、外半球的中心未重合。

图 2.27 为这种情况下不平衡质量沿谐振子圆周角和截面的分布情况。

由于表面处理方法不是补偿式的调平,而是对谐振子的薄壁结构进行形状修复,是较科学合理的办法。

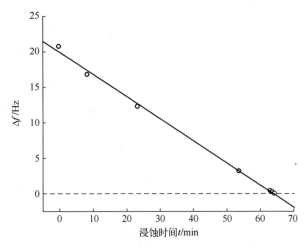

图 2.26　电化学去除不平衡质量的过程中固有频率裂解的变化情况

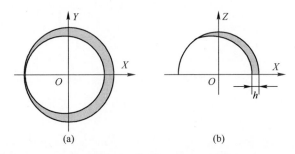

图 2.27　内外半球的中心未重合时不平衡质量沿谐振子
圆周(a)和截面(b)的分布情况

　　此外,采用这些方法降低了制造调平齿的必要性,极大地简化了谐振子制造工艺。

　　一种最具前景的材料处理方法是材料离子刻蚀法。目前,离子束刻蚀的设备和方法都已很成熟。谐振子调平时从半球壳上去除不平衡质量,而且容易规定被刻蚀质量的角关系。对此离子束是从水平放置的离子源 1 经过光阑 2 射向旋转的谐振子 3 的表面(图 2.28)。

　　步进电机 4 驱动完成变角速率 $\eta(t)$ 的旋转,通过规定电机的旋转规律,来调节谐振子圆周的离子刻蚀深度,这样可以同时并独立地消除各谐波的不平衡质量。

　　谐振子每个旋转角度 φ 上的离子刻蚀时间与必须要去除的层厚度成正比:

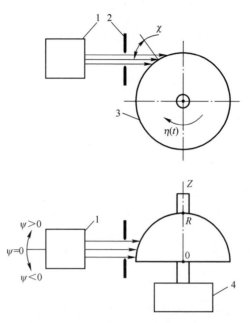

图 2.28　离子刻蚀法去除不平衡质量

$$h(\varphi) \approx \frac{\sum_{k=1}^{4} M_k \left[1 + \sin k(\varphi + \varphi_{0k})\right]}{\rho R^2 \sin(\pi/15)} \qquad (2.33)$$

式中: R 为谐振子半径; ρ 为石英玻璃密度; k 为不平衡质量谐波序号; M_k 和 φ_{0k} 为 k 次谐波的不平衡质量的参数。

离子刻蚀的效率与很多因数有关,但首先与离子射向谐振子表面的入射角度有关。选择离子流射向表面的方向,应使刻蚀系数值最大(离子能量不大时 $\chi \approx 65°$)。

通过改变刻蚀系数,刻蚀进程从薄壳边缘向极点过渡,入射角将增大(图 2.29 曲线 1)。刻蚀的剖面情况与角度 ψ 有关(图 2.29 曲线 2 和曲线 3),当 $\psi < 0$ 时,随着刻蚀位置沿半球高度 Z 的增加,玻璃刻蚀不均匀性增大。

刻蚀剖面与所需的去除质量和离子能量有关,还与选择什么样的离子流遮挡光阑有关,通过选择上述参数确定最佳的谐振子表面离子刻蚀面。

图 2.30 为离子刻蚀调平半球谐振子有效性的仿真试验数据。

图 2.30 中曲线 1 为未调平的 30mm 半球谐振子支架总振幅与谐振子周

78

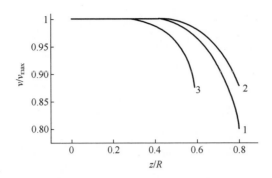

图 2.29　石英玻璃刻蚀系数随刻蚀位置(Z)的相对变化曲线(此时的氩离子入射角为 $\chi=65°$, 离子能量 3keV)(对于曲线 1 有 $\psi=0$; 曲线 2 有 $\psi=10°$; 曲线 3 有 $\psi=-10°$; 薄壳边缘对应 $Z=0$, 极点对应 $Z=R$)

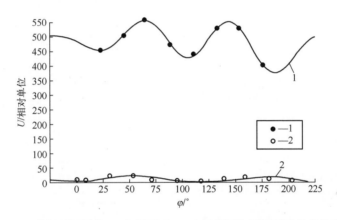

图 2.30　谐振子调平前(1)与调平后(2)支架振幅与谐振子转角的关系图

向角度的关系, 曲线 2 表示的是用离子刻蚀法调平后的支架总振幅与谐振子周向角度的关系, 显然, 曲线 2 支架振幅减小了十几倍。

表 2.5 列出了谐振子调平前后品质因数的最大值与最小值, 以及这种情况下计算得出的驻波系统性漂移速率幅值。

表 2.5　固体波动陀螺调平前后谐振子品质因数与系统性漂移值

	$Q_{max}/(\times 10^6)$	$Q_{min}/(\times 10^6)$	固体波动陀螺系统性漂移速率幅值/(°/h)
调平前	0.6	0.5	437
调平后	5.5	5.45	2.2

调平取得的系统性漂移速率幅值等于 2.2°/h, 甚至在谐振子品质因数相对不高的情况下, 这个数值对于固体波动陀螺的大多数应用场合都是可

以接受的。残余频率裂解值为 0.004Hz,薄壳前三次谐波的不平衡质量的残余值不超过 20μg,后续可通过提高未调平质量参数的测量精度来提升调平精度。

一系列文献[42,43,92,115-118]中都提到了基于人工智能(人工神经网络、遗传算法等)的通用调平方法,因其方法简单,可以有效用在不同的调平课题(任务)中。同时要指出的是,这一类型的算法一般情况下不能保证找到最优的方案,但可以在较短时间内找到所谓的准最优方案。

第3章　固体波动陀螺敏感部件的
　　　　装配与真空处理

　　装配是固体波动陀螺制造过程中的重要工序。这个工序包括固体波动陀螺的零部件组装成一个敏感部件,并同时确保各个工作面之间必要的间隙,装配后进行敏感部件密封。固体波动陀螺装配时的某些工序与其他类型仪表生产过程的装配工序类似,所以本章只详细讨论固体波动陀螺特有的装配问题。

3.1　固体波动陀螺中间隙一致性的保证

　　在所有采用电容传感器和控制电极的固体波动陀螺中,间隙对准是装配的一个主要任务。首先来估算一下固体波动陀螺里对间隙一致性的要求。在经典结构固体波动陀螺中有几组电容电极涂覆在谐振子内部和外部测量基座的球形表面上,装配时要确保两个球形间隙都是均匀的,因为任意一个间隙不均匀都会产生额外的驻波漂移。这里用固体波动陀螺间隙不均匀程度值与圆周角 φ 的傅里叶级数形式关系式来评估间隙不均匀程度对陀螺性能指标的影响。

$$d(\varphi) = d_0 + \sum_{i=1}^{\infty} d_i \cos i(\varphi - \varphi_i) \qquad (3.1)$$

　　这个级数中只有四次谐波对驻波的漂移有影响。比如,对于环形电极与谐振子表面之间的间隙,若 $d_4 \neq 0$,则振动激励参数的有效性将与圆周角相关,产生额外的驻波系统性漂移,漂移速度为

$$\frac{d\theta}{dt} = \frac{d_4}{2d_0\tau} \sin 4(\theta - \varphi_4) \qquad (3.2)$$

式中:τ 为谐振子中自由振动的衰减时间。

　　例如,若 $d_4 = 1\mu m$、$d_0 = 100\mu m$、$\tau = 1000s$,该漂移的速度幅值约为 $1.6°/h$。陀螺使用寿命内由于壳体放气、材料老化等原因谐振子的品质因数会发生变化,从而导致该漂移参数的变化,所以这个间隙的不均匀性应为间隙大小

的 1% 左右。

控制电极和测量电极对波图变化的影响非常弱。四个面积为 S 的控制电极在施加电压 $U_{\text{упр}}$ 时,给振荡器带来的能量损耗:

$$Q_{\text{упр}}^{-1} = \frac{4U_{\text{упр}}^2 R_{\text{вых}} S^2 \varepsilon_0^2}{\omega M d_0^2} \tag{3.3}$$

式中:$R_{\text{вых}}$ 为控制电源的输出阻抗;M 为谐振子的折合质量;d_0 为间隙值。

比如,假设 $S = 1\text{cm}^2$,$U_{\text{упр}} = 100\text{V}$,$d_0 = 100\mu\text{m}$,$R_{\text{вых}} = 500\Omega$,$\omega = 9000\pi/\text{s}$ 和 $M = 1\text{g}$,则 $Q_{\text{упр}}^{-1} = 7 \times 10^{-17}$。在所带入的能量损耗如此小的情况下,即使该间隙的不一致性很大,发生的漂移也非常小,可以忽略不计。对于测量电极,在经典结构固体波动陀螺中它们是直流电工作,只有在输入放大器工作出错时对耗散的影响才有显现。表 3.1 列出了供电电压 U、输入放大器带入的相位移 ϕ,以及间隙四次谐波不平衡值 d_4 取不同值的情况下系统性漂移速度的幅值。

从表 3.1 的数据可以看出:输入放大器工作正常时(即当 $\phi = 10^{-4} \sim 10^{-3}$ 时),若间隙不均匀性有 5%,则额外的系统性漂移速度幅值约为 10^{-2}°/h。

表 3.1　测量回路中间隙不均匀性引起的系统性漂移速度幅值　(°/h)

$d_4/\mu\text{m}$	$U = 100\text{V}$			$U = 200\text{V}$		
	$\phi = 0.1$	$\phi = 0.01$	$\phi = 0.001$	$\phi = 0.1$	$\phi = 0.01$	$\phi = 0.001$
2	12	0.12	0.0012	48	0.48	0.0048
5	30	0.3	0.003	120	1.2	0.012
10	60	0.6	0.006	240	2.4	0.24

除了衰减不均匀外,测量回路中的间隙不均匀性也会导致固有频率裂解的变化。向测量电极供直流电电压 U 时,产生的振动频移为

$$\Delta\omega = \frac{36}{5} \cdot \frac{\varepsilon_0 U^2}{\pi \rho h d_0^3 \omega} \sin 2\varphi_{\text{э}} \tag{3.4}$$

式中:ρ 为谐振子材料密度;h 为壁厚;ε_0 为介电常数;$\varphi_{\text{э}}$ 为电容电极的溅射角。

若测量回路中的间隙不均匀,且 $d_4 \neq 0$,则发生固有频率裂解,为

$$\frac{\Delta_4}{2\pi} = \Delta f \approx \frac{22\varepsilon_0 U^2 d_4 \sin 2\varphi_{\text{э}}}{\pi^2 d_0^4 h \rho \omega} \tag{3.5}$$

比如,对于 $h = 1.25\text{mm}$,$d_0 = 100\mu\text{m}$,$d_4 = 5\mu\text{m}$,$\rho = 2.2 \times 10^3 \text{kg/m}^3$(石英玻

璃），$U=50\mathrm{V}$，$\varphi_{9}=20°$，$\omega=5×10^{4}\mathrm{s}^{-1}$，根据式（3.5）得出 $\Delta f=0.012\mathrm{Hz}$。

所进行的估算表明：装配过程中主要注意的是环形电极间隙和测量回路间隙的一致性。

图 B.1 所示经典结构的固体波动陀螺装配过程中，通过同时测量谐振子外部和内部的所有传感器的电容来监控两个间隙的值。由于每个传感器的电容都是几 $10^{-12}\mathrm{F}$，而寄生电容又对间隙的测量精度影响明显，所以这个过程相当复杂。用交流电测量传感器的电容更为方便，该方法的实例如图 3.1 所示的测量回路。

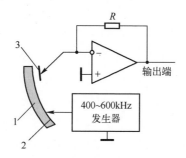

图 3.1　传感器电容的交流测量法

1—谐振子薄壁；2—金属镀层；3—电极。

向谐振子金属镀层施加交流电，而将电容电极接到电流-电压变换器上，该变换器的输出电压与传感器的电容成正比，这时电极本身的电位势接近于零（"表观地"），从而寄生电容对测量结果的影响达到最小。

必须将三个部件（谐振子和两个测量底座）相互精密移动才能确定和对准间隙，一般采用机械的或压电的微量位移装置完成部件的高精度相互移动。

3.2　固体波动陀螺部件连接

固体波动陀螺各部件间的可靠连接很复杂，方法也有很多。美国 General Motors 公司起初在固体波动陀螺装配时采用了铟焊技术，该方法可确保部件间的可靠连接，但技术复杂。为了使铟能够良好地润湿石英玻璃表面，间隙对准后被焊接部件必须加热到 150~160℃，除此之外，熔融的铟很容易氧化，所以应在无氧环境中进行焊接。还要指出的是，铟的熔点很低，这限制了组装后的仪表在除气时的加热温度，温度应不超过 90~100℃。

这些要求使得解吸的速度明显减慢,除气时间显著增加。

可以使用氯化银获得玻璃部件和金属部件的牢固连接。氯化银在熔融状态是低黏稠的液体,可以很好地润湿这些玻璃和金属部件的表面,但其熔点高,需要将被连接部件加热到500℃,不是所有的设计能允许的。

即使使用易熔的玻璃焊料和玻璃结晶胶合剂,也必须将被连接部件加热到足够高的温度。这些玻璃焊料和玻璃结晶胶合剂可实现玻璃部件、陶瓷部件和金属部件的密封连接,玻璃焊料固态时呈玻璃状结构,缺点是其熔点比最高工作温度低很多,约 $70 \sim 100℃$,大部分易熔玻璃焊料(熔点 $280 \sim 330℃$)的主体都是 $PbO-ZnO-B_2O_3$。

在玻璃结晶胶合剂中玻璃最初融化,然后结晶,焊缝组织从玻璃态变成晶体,结晶点与最高工作温度的差值非常小,为 $10 \sim 20℃$。玻璃结晶胶合剂的组成有氧化物 PbO、ZnO、B_2O_3、SiO_2、Al_2O_3、CuO、BaO、Na_2O 和其他成分。结晶点因组成的差异一般为 $420 \sim 570°C$,玻璃焊料和玻璃结晶胶合剂的线膨胀系数通常在 $(30 \sim 120) \times 10^{-7}/℃$ 范围内,可以通过添加惰性填料调节线膨胀系数。表3.2列出了几个牌号的低温玻璃焊料的特性。

表3.2　几个牌号的低温玻璃焊料的特性

牌　号	软化开始温度/℃	焊接温度/℃	线膨胀系数/℃$^{-1}$	数据来源
БС-60	428	560	6×10^{-6}	[81]
БС-70	406	550	7×10^{-6}	[81]
БС-80	400	530	8×10^{-6}	[81]
БС-90	385	500	9×10^{-6}	[81]
БС-100	360	480	1×10^{-5}	[81]
G 018-223	325	430	3.14×10^{-6}	[36]
G 018-224	324	430	4.35×10^{-6}	[36]
G 018-228	311	400	7.6×10^{-6}	[36]
G 018-229	310	410	8.7×10^{-6}	[36]

振动陀螺组装采用胶接法则更易实现工艺,更便宜。胶接的缺点是真空中析出的气体多,这是由于渗透到胶中的反应产物和溶解挥发成分的扩散和解吸作用,所以析出气体少是对固体波动陀螺装配用胶的一个主要要求。此外,这种胶应对石英玻璃和金属都有很好的附着力,热稳定性足够

好,黏度适宜,线膨胀系数低。

目前国际上有大量组成和性能各异的胶产品,比如,NASA 数据库给出的析出气体少的胶的清单就约有 1000 个品名。

现在探讨粘接固体波动陀螺半球谐振子和测量基座时不同的胶表现出来的特性,图 3.2 为这个粘接部位的结构。选择胶时应考虑必需的粘接机械强度和抗热性,真空中胶的排气,以及粘接过程的工艺性。

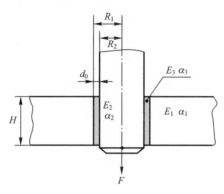

图 3.2　半球谐振子支架与测量基座的粘接部位结构

1. 粘接机械强度和抗热性

选择固体波动陀螺装配用胶时首先应研究粘接部位的机械强度和抗热性。假设 $E_{1,2,3}$ 与 $\alpha_{1,2,3}$ 分别是测量基座、谐振子支架和胶的弹性模量和线膨胀系数,对于石英玻璃有 $E = 7 \times 10^{10} \text{Pa}$, $\alpha = 4 \times 10^{-7} \text{℃}^{-1}$,振动和冲击时,因惯性力的作用产生机械应力。一般情况下,确定胶缝处的切向应力和法向应力很复杂,需要知道很多参数值(可见参考文献[76]),但是在这种情况下,若认为支架未承受弯曲力矩以及切力,这项任务就简化很多。那么机械作用可归结为纵向力 F 对谐振子支架的作用(图 3.2),其最大值等于谐振子质量与组装后陀螺应能承受的最大加速度的乘积。比如,若谐振子质量为 10g,而最大负载为 500g,则 $F \approx 50\text{N}$,这个力的作用结果是形成切向应力,其平均值为

$$\sigma_T = \frac{F}{2\pi R_2 H} \qquad (3.6)$$

对于低模量的胶,粘接部位的切向应力分布是均匀的,其平均值等于最大应力。在高弹性模量的胶中切向应力分布不均匀,最大应力将高于由式(3.6)求出的数值,这时可以使用下面的公式计算 $\sigma_{T\text{max}}$

$$\sigma_{T\max} = \frac{F\lambda}{2\pi R_2}\text{cth}\lambda H$$

式中

$$\lambda = \sqrt{\frac{2G_3}{d_0 R_2 E_2}} \tag{3.7}$$

式(3.7)中 G_3 为胶的切变模量,为

$$G_3 = \frac{E_3}{2(1+\mu_3)} \tag{3.8}$$

式中:μ_3 为胶的泊松系数。

为直观起见,表3.3列出了谐振子支架半径、测量基座厚度和间隙大小不同时用 K-400 胶填充图3.2中的粘接部位时切向应力的平均值和最大值。计算中取 $E_3 = 1980\text{MPa}$,$\mu_3 = 0.4$,$F = 50\text{N}$,从得到的估算值可以看出,即使在负载很大时,该粘接部位的最大切向应力一般也不大。

除机械应力外,粘接部位还要承受因胶和被连接部件线膨胀系数不同而产生的法向和切向的热弹性应力。

表 3.3　粘接部位的切向应力/MPa

R_2/mm	$d_0 = 20\mu\text{m}$				$d_0 = 100\mu\text{m}$			
	$H = 2\text{mm}$		$H = 5\text{mm}$		$H = 2\text{mm}$		$H = 5\text{mm}$	
	σ_T	$\sigma_{T\max}$	σ_T	$\sigma_{T\max}$	σ_T	$\sigma_{T\max}$	σ_T	$\sigma_{T\max}$
1	4	8.1	1.7	7.8	4	4.9	1.7	3.6
2.5	1.6	2.3	0.6	2	1.6	1.7	0.6	1

法向热弹性应力是由于温度变化时胶的膨胀(或收缩)造成的。若认为正常情况下粘接部位没有应力,则温度变化 ΔT 时,产生的压缩或拉伸的法向应力一般为

$$\sigma_{NT} = \frac{\Delta T E_3 (d_0\alpha_3 - R_1\alpha_1 + R_2\alpha_2)}{d_0(1+\alpha_3\Delta T)} \tag{3.9}$$

如果测量基座和谐振子的材料相同,则 $\alpha_1 = \alpha_2 = \alpha$,式(3.9)可简化为

$$\sigma_{NT} = \frac{\Delta T E_3 (\alpha_3 - \alpha)}{(1+\alpha_3\Delta T)} \tag{3.10}$$

从式(3.10)可以看出,这种应力主要与胶的特性相关。采用温度范围100℃内参数不同的胶来粘接石英玻璃部件时,可以估算出胶缝处产生的应力值:

（1）对于胶 BK-21T（俄罗斯出产，$\alpha_3 = 4.9 \times 10^{-6}℃^{-1}$，$E_3 = 2000\text{MPa}$），$\sigma_{NT} = 0.9\text{MPa}$；

（2）对于胶 K-400（俄罗斯出产，$\alpha_3 = 62 \times 10^{6}℃^{-1}$，$E_3 = 1980\text{MPa}$），$\sigma_{NT} = 12.2\text{MPa}$；

（3）对于密封胶 BГO-1（俄罗斯出产，$\alpha_3 = 2 \times 10^{-4}℃^{-1}$，$E_3 = 1.6\text{MPa}$），$\sigma_{NT} = 0.03\text{MPa}$。

这些估算值表明，若用高模量、高线膨胀系数的胶粘接部件，在胶缝处会产生很大的法向热弹性应力，而使用低模量的胶则会达到最好的效果。还要指出的是，若被粘接部件材料不同，其线膨胀系数各异，即使胶的线膨胀系数很小，法向热弹性应力也可能很大。除此之外，根据式(3.9)可看出这个应力既与支架直径相关，还与谐振子支架和测量基座间的间隙大小 d_0 相关。

切向热弹性应力只在被粘接部件材料不同、线膨胀系数各异时才会产生，这时可用下式计算切向热弹性应力：

$$\sigma_{TT} = \frac{\Delta T G_3 (\alpha_2 - \alpha_1)}{d_0 \lambda} [\,\text{sh}\lambda H + (1 - \text{ch}\lambda H)\text{cth}\lambda H\,] \tag{3.11}$$

也就是说，按照图3.2粘接石英玻璃部件时没有切向热弹性应力，采用线膨胀系数小或者弹性模量低的胶时，法向热弹性应力都不大。选择胶时应确保连接处的错位和挤压超过计算值至少50%时的强度。

2. 真空中胶体的排气

一般用出气率定量表示排气程度，即单位时间内从粘接部位单位面积上排出的气体量，单位为 $\text{m} \cdot \text{Pa/s}$。挥发成分排出总量与胶的质量成正比，而排气速率与胶的表面积成正比。为减小上述参数，必须最大限度地减小被粘接部件间的间隙，排气速率还与胶缝中挥发成分的分布情况和扩散系数值相关。用阿雷尼厄斯方程可比较准确地描述扩散系数 D 的温度关系：

$$D = D_0 \exp\left(-\frac{U_D}{RT}\right) \tag{3.12}$$

式中：U_D 为扩散有效激活能。

热处理时胶缝中挥发成分的分布会发生变化，可以用下面公式计算粘接部位截面处的挥发成分局部相对浓度 c/c_0：

$$\frac{c}{c_0} = \frac{4}{\pi} \sum_{n=0}^{\infty} \frac{(-1)^n}{2n+1} \exp\left(\frac{-D(2n+1)^2\pi^2 t}{L^2}\right) \cos\frac{(2n+1)\pi x}{d_0} \quad (3.13)$$

式中：c_0 为初始浓度；d_0 为粘接部位厚度；t 为热处理时间；D 为热处理温度下的扩散系数；距离 x 从胶缝中部算起。

一方面，热处理温度越高，扩散过程越强烈，残余排气就越少；另一方面，温度过高会使胶分解，形成挥发成分，所以对于每种胶都有最佳排气温度。此外还发现，由于从空气向固体的逆向吸附很少，所以固体中挥发成分的扩散过程无论是在真空中，还是在空气中几乎相同，因此可以在惰性气体或氮气中进行以减小排气为目的的热处理工序，以防止仪表金属表面发生氧化作用。而要去除部件表面吸附分子的最后热处理工序应在真空中进行。

参考文献中一般都给出热处理时胶的质量损失值，根据这个值可以近似判断胶的排气程度。应指出的是，耐高温胶的排气较少。

一个核心因素是胶所排出的挥发成分的组成。仪表在整个使用寿命内都在持续排气，开焊后则由专门的吸气元件——吸气剂保持壳体内的真空。正如后面将要表述的，绝大多数吸气剂都能很好地吸收活性气体，比如氧、氮、氢、一氧化碳、二氧化碳、水蒸气等，但几乎都不能吸收无极性烃，所以与使用只排出活性挥发成分的胶的仪表相比，使用会释放 C_xH_y 的胶的真空仪表的使用寿命相当短。

不同胶的相关数据在参考文献[24, 38]中有详尽描述。

胶的类型有：环氧树脂胶，元素有机胶，氰结晶胶，无机胶等。表 3.4 列出了耐高温排气少的一些牌号的胶，这些胶可以用于粘接石英玻璃部件。

3. 振动陀螺部件的粘接特性

用胶填充间隙是粘接过程中的一个主要工序，间隙尺寸与胶的黏度有着紧密的关系。高黏度成分很难均匀地分布到很窄的间隙中，在这样的粘接部位可能会含有气体；另一方面，低黏度成分在宽间隙中保持不住，固化前都是流动状态，表 3.5 列出了不同黏度胶适宜的间隙大小。必须指出的是，几乎所有的低线膨胀系数胶都含有大量的填料，并呈膏状。大部分胶里的组成填料都可能有尺寸 $1 \sim 200\mu m$ 的颗粒，该尺寸有时在胶的技术指标中会有所规定，这种情况下由填料颗粒的最大尺寸决定间隙的最小尺寸。

表 3.4 某些牌号耐高温胶的特性

牌 号	类 型	温度范围/℃	黏度/MPa·s	线膨胀系数/℃⁻¹	固 化 条 件	活性期	热处理时的质量损耗/%	强度/MPa
Epotek H72	环氧树脂胶	$-55\sim250$	$20000\sim27000$	29×10^{-6}	100℃(20min)	2h	0.28(250℃)	43.5(拉伸) 12.8(剪切)
Ablebon d 84-1LMIT	环氧树脂胶	$-65\sim250$	22000	50×10^{-6}	125℃(2h)	2周	0.16(300℃)	15.5(断裂)
OK-72ФT15	环氧树脂胶	$-170\sim140$	膏	—	60℃(3h)	30min	—	10~13(断切)
BKП-7-1	环氧树脂-橡胶	$-60\sim85$	膏	—	65℃(4h)	30min	—	5.5(剪切)
K-400	元素有机胶	$-196\sim300$	膏	62×10^{-6}	22℃(48h)	0.5~1h	6~8(250℃)	20(剪切)
Master Bond 350	氰结晶胶	$-50\sim120$	100	—	22℃(1min)	60s	—	17.3(断裂)
Ана-терм-106	厌氧胶	$-60\sim200$	$2000\sim2500$	$(1\sim10)\times10^{-4}$	22℃(6h)	3min	6~8(200℃)	30(断裂) 20(剪切)
RTV-566	RTV-硅树脂	$-115\sim260$	42700	20×10^{-5}	22℃(24h)	1.5h	—	5.5
Duraseal 1533	RTV-硅树脂	$-57\sim290$	2900	—	22℃(15min)	1~5min	0.5(260℃)	3.7(断裂)
BK-21K	无机胶	$-60\sim1600$	膏	1.4×10^{-6}	22℃(72h)+170℃(1h)	20min	10(300℃)	2.8(剪切)
AФK-11	无机胶	$-60\sim1200$	膏	$(1\sim17)\times10^{-6}$	22℃(10h)+300℃(1h)	1.5~2h	—	9(断裂)
FortafixLQ/56	硅酸盐胶	1000以下	膏	$(3\sim5)\times10^{-6}$	80℃(0.3h)+140℃(3h)+200℃(5h)	15min	—	—
Cerastil V336Gem	陶瓷胶	1500以下	膏	9.4×10^{-6}	22℃(7h)	1h	0.2	35(拉伸)
Cerambond 618N	陶瓷胶	1650以下	膏	5.9×10^{-7}	22℃(14h)+90℃(2h)+260℃(2h)+370℃(2h)	3~5h	5(250℃)	—

表 3.5   不同黏度胶适宜的间隙大小

黏度/MPa·s	10~40	200~300	300~600	1000~1600	2000~6000	6000~10000	>10000
间隙/μm	70 以下	100~150	50~200	60~250	100~350	100~450	250~600

将上述胶膏填入很小的间隙比较困难,但可以通过超声波处理法完成,该方法还可以同时去除胶缝中的气泡。

现简略说明一下粘接部件的表面预加工工序。一定的粗糙度会提高胶对基底的附着度,由于裂纹开裂时材料会破损,所以表层存在微小裂纹和空隙会导致粘接强度降低,通过对粘接表面进行机械抛光,最后进行化学处理可以达到粘接最大强度。表面处理时使用酸溶液,并必须用洗涤水中和反应清洗部件,化学处理后将部件烘干,粘接前可存放几昼夜。

4. 粘接部位的老化

因胶的老化以及周围环境和机械负载造成附着键的破坏都会降低粘接部位在使用过程中的性能。

周围环境对胶的性能影响很大。通常认为胶与空气中水的相互化学作用是胶老化的一个主要因素,从这个观点看,本章研究的固体波动陀螺部件粘接部位的使用条件良好。关于温度的影响,温度本身不会引起强度大幅降低,这是因为胶热老化时结构的破坏与氧和水蒸气向胶缝中的扩散有关,而在真空中没有这种现象。然而,温度的波动会导致法向热弹性应力和切向热弹性应力值的周期性变化,造成胶的老化。胶的特性以及固化结合性能决定了抗热破坏性能,关于胶的耐热性由高到低的次序为:无机胶→元素有机胶→环氧树脂胶。

粘接工艺、粘接前表面的预加工以及胶缝的一致性都对粘接部位的使用性能有明显影响。胶缝有楔度会使粘接面的应力分布不均,从而导致胶缝强度和寿命降低。

胶的柔弹性也会对粘接部位的使用性能有影响。最大的应力会产生在胶缝的边缘,如果用脆性胶,那么就会从那里先出现裂纹,所以尽管柔性胶在错位时的初始强度较低,但与脆性胶相比,它粘接的持久强度通常要高 2 倍以上。存在静态和动态负载时,产生的裂纹及其他缺陷会破坏粘接部位,而且应力越大,粘接部位的寿命越低。

粘接部位寿命 τ 与力负载 P 和温度 T 的关系用下面的茹尔可夫方程表达

$$t = t_0 \exp \frac{U_0 - \gamma P}{RT} \tag{3.14}$$

式中:U_0 为粘接部位破坏过程的激活能;R 为气体常数;t_0 和 γ 为常系数。

根据建立的 P-$\lg t$ 坐标试验关系曲线可以预测在有载荷作用的情况下使用的粘接部位的寿命,利用这些关系曲线可以求出式(3.14)中的未知量,预测指定条件下的粘接部位寿命。

3.3 敏感部件的真空处理

1. 残余气体对固体波动陀螺性能的影响

固体波动陀螺壳体内造成气体阻尼的原因有两个。

(1) 通常的气体摩擦:残余气体分子与振动的谐振子碰撞,从而产生制动力,引起弹性振动的能量损耗 Q_{gas}^{-1}。这个过程可用公式(2.13)描述,估算表明:气体摩擦对谐振子品质因数的影响很小。比如,对于石英半球谐振子 $\rho = 2.2 \times 10^3 \mathrm{kg/m^3}$,$h = 1\,\mathrm{mm}$,$f = 5\,\mathrm{kHz}$,$V = 500\,\mathrm{m/s}$(室温下氮分子的平均热运动速度)和 $P = 1.33 \times 10^{-3}\mathrm{Pa}(10^{-5}\mathrm{mmHg})$,则得到 $Q_{\mathrm{gas}}^{-1} = 3.4 \times 10^{-11}$。

(2) 额外振动阻尼,是由于从固体波动陀螺谐振子与传感器之间的间隙有气体流动而产生的。这个过程相对于谐振子的振动相位滞后,并伴随有振动能量向热能的无可逆转换。该过程对谐振子特性的影响程度与陀螺的具体结构相关,可以采用有限元法计算出来。图 3.3 提供了固体波动陀螺中残余气体影响程度的实验结果及仿真计算结果。实验数据为与 Delco Electronics 公司固体波动陀螺(图 B.1)结构类似的 60mm 谐振子陀螺的数据。

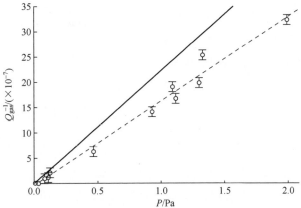

图 3.3　固体波动陀螺中气体阻尼与残余气压的关系曲线
(实线为有限元仿真结果;虚线为实验数据。)

91

谐振子壁厚为 2mm,振动频率为 3600Hz,谐振子与外部组件的间隙为 100μm,实线为有限元法的计算结果。这些数据可以用来评估仪表中必须的真空等级。例如,假设真空中谐振子的品质因数为 $Q_0 = 1.5 \times 10^7$,则气体摩擦造成的品质因数降低应不超过 1%。对图 3.3 中各点进行线性逼近,得到关系曲线 $Q_{gas}^{-1} = 1.7 \times 10^{-6} P$。因此,这个固体波动陀螺中的最大残余气压应不超过 $3.9 \times 10^{-4} Pa$(约 $3 \times 10^{-6} mmHg$)。

如果谐振子与外壳体间的间隙沿圆周方向是一致的(d 为常数),那么气体阻尼只会降低谐振子的品质因数。如果间隙不一致,那么气体阻尼还会造成品质因数不均匀,由此产生驻波的系统性漂移。假设间隙 d 与圆周角 φ 的关系式为式(3.1),$d_4 \neq 0$,于是在谐振子中产生品质因数不均匀,而且谐振子的最高品质因数轴 Q_{max} 的方位角度为 $\varphi_{max} = \varphi_4 \pm \pi/2$(这个方向上间隙最大,气体阻尼最小),最低品质因数轴 Q_{min} 的方位角度为 $\varphi_{min} = \pi/4 + \varphi_4 \pm \pi/2$(这个方向上间隙最小,相应气体阻尼最大)。

谐振子品质因数不均匀会导致驻波的系统性漂移,其漂移速率为

$$\frac{d\theta}{dt} = \frac{\pi f}{4} \left(\frac{1}{Q_{min}} - \frac{1}{Q_{max}} \right) \sin 4(\theta - \varphi_4)$$

$$= \frac{\pi f}{4} (\zeta_{max} - \zeta_{min}) \sin 4(\theta - \varphi_4) \tag{3.15}$$

因 $d_4 \ll d_0$,一次逼近时可认为气体阻尼与间隙的大小成反比,于是式(3.15)可改写成如下形式

$$\frac{d\theta}{dt} = \frac{\pi f}{2} \cdot \frac{d_4}{d_0} \zeta_{gas} \sin 4(\theta - \varphi_4) \tag{3.16}$$

式中:$\zeta_{gas} = 0.5(\zeta_{max} + \zeta_{min})$。

此外,气体阻尼的有限元仿真表明,关系曲线 $\zeta_{gas}(d)$ 是非线性的。图 3.4 为残余气压为 $3.9 \times 10^{-4} Pa$ 时,上述固体波动陀螺的气体阻尼与间隙大小的关系曲线。这时额外的系统性漂移速率如下式:

$$\frac{d\theta}{dt} = \frac{\pi f d_4}{2} \cdot \frac{d\zeta_{gas}}{dd} \sin 4(\theta - \varphi_4) \tag{3.17}$$

当点 $d = d_0$ 时,求出 ζ_{ras} 对 d 的导数。要指出的是,两个公式给出的结果相近。取 $d_0 = 100μm$,$d_4 = 1μm$,从图 3.4 中曲线求出 ζ_{gas} 对 d 的导数值。

于是根据式(3.16)求出额外系统性漂移速率的幅值为 0.008°/h,而根据公式(3.17)求出的幅值为 0.0066°/h。这些估算值说明:气体阻尼引入的系统性漂移很小,可以通过标定仪表进行补偿。

92

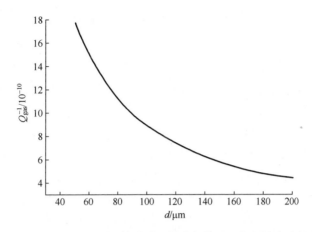

图 3.4　Delco Electronics 公司固体波动陀螺中气体阻尼与间隙大小的关系曲线

　　但是在固体波动陀螺内部压强变化时(如因为气体析出),漂移速率也会变化,所以为使残余气体对陀螺特性的影响小到忽略不计,应采用内部吸气剂将内部压强降到 $10^{-7} \sim 10^{-8}$ mmHg 的水平。

　　低品质因数的金属谐振子振动陀螺对内部的大气要求低得多。如果采用压电元件激励和测量谐振子的振动,那么就没有谐振子外部的小间隙,可以利用式(2.13)计算气体阻尼。例如,在 Innalabs 公司的固体波动陀螺中,如果金属谐振子的品质因数为 5×10^4,残余气压为 4Pa(3×10^{-2}mmHg)时,气体摩擦会导致品质因数减小 1%。但还应考虑这种仪表通常有粘接部位,这些部位可以析出大量的挥发成分。比如,假设真空处理后的仪表含有 0.01g 的胶,胶中含有的挥发成分占 0.1%,为方便计算,认为胶中的主要挥发杂质是水蒸气,则它的量有 3×10^{-7}mol。使用寿命期内如果整个仪表($25cm^3$)中会萃取出这个量的水蒸气,则仪表中的压强为 30Pa(约 0.2mmHg),这个数值远远超出了允许值,因此需要使用吸气剂。

　　由于微机械陀螺中谐振子的尺寸和质量都很小,大部分情况下间隙为几微米到几十微米,所以在陀螺中应保持足够高的真空度。根据文献[84]得知,为确保扭杆支撑型微机械振动仪表的功能,必须将陀螺工作面进行真空处理到好于 0.01mmHg 的水平,因为微机械陀螺体积小,内部结构复杂,这种情况下也必须使用吸气剂。

2. 吸气剂分类和特性

　　现在研究一下最普遍的吸气剂的材料特性,以及用吸气剂维持固体波动陀螺内必要的真空度时的一些使用问题。

　　吸气剂是高真空泵,基于某些物质通过吸附或化学作用的方式可吸收气体的特性制成。根据活性表面的获取方式将吸气剂分成两组:挥发型吸气剂和非挥发型吸气剂。

(1) 挥发型(蒸散型)吸气剂。原理是将吸气物质(通常为钡)转化成气相,最后凝结成膜。挥发型吸气剂膜的表面积大,活性高,则吸气效率就高。

(2) 非挥发型(非蒸散型)吸气剂是一系列金属的混合物(通常为 Ti、Zr、Ta、Th、Nb、Cd),形成活性表面,并能在高温时溶解掉自己的氧化物。非挥发型吸气剂又分成致密型(体积型)和表面型(薄膜型),并且每类根据制备工艺的不同还可细分,如压制成型类、烧结成型类、等离子喷镀类等。

吸气剂有效性的评估参数如下:

(1) 吸附速度:工作压强下单位时间内吸气剂在单位面积或质量上吸收的气体体积;

(2) 吸附效率:单位时间内吸气剂在单位面积或质量上吸收的气体量;

(3) 吸附容量:吸气剂单位面积或质量上能够吸收的气体量;

(4) 激活温度:吸气剂激活所需温度;

(5) 极限压强:使用吸气剂时真空腔内达到的最小压强。

选择吸气剂时一方面应考虑相应的动力学特性(吸气效率应大于从真空腔内表面排气的比速度),另一方面还应保证足够的吸附容量。此外,吸气剂的激活温度应尽量低,机械强度尽量大。

挥发型吸气剂从 20 世纪 30 年代开始用于维持电子管、显像管和其他真空仪表的真空度。作为活性表层通常使用钡薄膜,它是利用高温分解 $BaAl_4$ 合金或 $BaAl_4$-Ni,$BaAl_4$-Ni-Fe_4N 及其他混合物制得。钡蒸气在真空仪表非工作的内表面凝结,形成多孔膜,可与很多如 O_2、CO、CO_2、N_2、H_2O、H_2 等活性气体发生反应。钡相对于乙炔和乙烯的活性弱很多,而与甲烷、乙烷和惰性气体不反应。

由于固体波动陀螺中没有合适的非工作表面用于凝结钡薄膜,较难在陀螺中使用挥发型吸气剂。

非挥发型吸气剂是锆、钒、钛、稀土金属的混合物和基于这些元素的合金,在现代仪表制造中得到了更广泛的应用。它们甚至可吸收活性气体和某些氢氧化物,在表面区域形成氧化锆、氮化锆和碳化锆的固溶液。该区域饱和后吸气材料失去活性,但将其加热到 500~1000℃ 后,该固溶液扩散到吸气剂内部,这时表层恢复了吸附性能。由于裸露的金属表面总会被大气中的氧氧化,所以吸气剂使用前必须进行加热(激活)。参考文献中的很多吸气材料的特性都是熟知的,它们之间的区别就是吸附性、工作温度范围、机械强度及其他参数方面,其中某些材料的组成和激活温度如表3.6所列。

表 3.6　某些非挥发型吸气材料的组成及激活温度

组　　成	贸 易 牌 号	激活温度/℃
ZrAl	ST101,Циаль	900~1000
Ti-Zr$_3$Al$_2$	ST121	600~900
Ti - Zr(V$_{0.85}$Fe$_{0.17}$)$_2$	ST122	350~500
Zr-C	ST171	700~1000
Zr- Zr(V$_{0.85}$Fe$_{0.17}$)$_2$	ST172	200~950
Ti-Mo	ST175	500~750
Ti-V	ST185	500
ZrV$_2$	ST197	500~800
Zr$_2$Fe	ST198	600~900
Zr$_2$Ni	ST199	600~900
Zr(V$_{0.85}$Fe$_{0.17}$)$_2$	ST707	450~500
V-Zr(V$_{0.85}$Fe$_{0.17}$)$_2$	ST2002	350
Ti		700~1200
Ti-Zr-Al	СПН-3	800
Ti-Zr-Al-Ta	СПН-4	900~1000
Th-Al-P$_3$M	Ceralloy-400	900~950
Th-CeLaAl$_2$	Ceto	900

所有非挥发型吸气剂在饱和后通过重新加热都能再生。再生次数取决于吸气剂材料的结构及组成,大多数情况下不超过30~40次。基于这些合金生产出了结构和特性各异的吸气泵(比如文献[217]所列吸气泵),已成功应用到固体波动陀螺中。例如,SAES GETTERS 公司出品的基于 ST171,ST172 合金的体积型吸气剂的相关参数就比较适合,结构上可以为轴出线和端面出线形式,内部带加热器或不带加热器等。

为改善对羟基的吸附能力,还可加热吸气物质到温度 400℃(对于ST171)或200℃(对于ST172),两个牌号的吸气剂都可以再生数十次。

固体波动陀螺中吸气剂可以布置在真空壳体的上盖上,加热器电源线经过密封导管引入。这种结构的缺点是在吸气剂激活过程中高温加热可能会使仪表部件受损,此外,若高温除气,则可能会发生吸气剂的过早激活,而被排出的气体浸满。

另一个技术方案是在固体波动陀螺中使用非再生的吸附容量大的吸气剂。文献[202]中描述了这些吸气剂的制造、激活、密封和在仪表中的安装。吸气剂的启动设置了专门机制,即在抽气和除气过程结束后,仪表与抽气系统断开,并在真空密封后启动吸气剂,这样可以避免除气时吸气剂容量的过早减少,以及偶尔脱落的吸气材料颗粒的飞散。

第4章　固体波动陀螺电子线路

许多文献都是关于固体波动陀螺驻波的控制和信息处理方面问题的，例如文献[40,51,142,143,176,183]。本章讨论不同工作模式下固体波动陀螺信号处理的基本原则。

4.1　固体波动陀螺控制回路的一般设计原则

固体波动陀螺有两种工作模式：角度传感器模式和角速率传感器模式。本节将对这两个工作模式进行讨论。

1. 角度传感器模式

角度传感器模式是根据驻波与谐振子的相对位置求出固体波动陀螺的角运动信息。

固体波动陀螺测量回路传感器的输出信号 E_c 和 E_s，分别与谐振子沿两个正交轴的振幅成正比：

$$
\begin{aligned}
E_c &= E_{cc}\cos2\theta\cos(\omega t-\psi) - E_{cq}\sin2\theta\sin(\omega t-\psi) \\
E_s &= E_{sc}\sin2\theta\cos(\omega t-\psi) + E_{sq}\cos2\theta\sin(\omega t-\psi)
\end{aligned}
\tag{4.1}
$$

其中 E_{cc}、E_{sc} 为振动的同相分量；而 E_{cq}、E_{sq} 为振动的正交分量。若驻波的

$$
E_{cq}=0, E_{sq}=0
\tag{4.2}
$$

则驻波的方位可根据下式确定：

$$
\theta = \frac{1}{2}\arctan\frac{E_{sc}}{E_{cc}}
\tag{4.3}
$$

此外，驻波的幅值应为常数，即

$$
\sqrt{E_{cc}^2+E_{sc}^2} = \mathrm{const}
\tag{4.4}
$$

固体波动陀螺中设计有几条控制回路来实现方程式(4.2)~式(4.3)描述的过程，下面将根据图4.1所示的功能图讨论这些回路的工作流程。

从测量回路来的输入信息送到加法器1中，经过微分相加后形成信号

E_c 和 E_s,利用解调器 2 和控制装置 3 将这些信号分解成同相分量和正交分量,在计算器 4 中利用同相分量 E_{cc}、E_{sc},并根据式(4.3)求出驻波的方位。必须指出的是,信号 E_{cc}、E_{sc} 幅值的测量精度决定了输出信息的精度。若要求角 θ 的求解精度必须等于 $0.001°$,则 E_{cc}、E_{sc} 幅值的测量精度应达到 0.001%。若采用模数转换器测量这些信号,则应确保 19 位～20 位的转换精度。

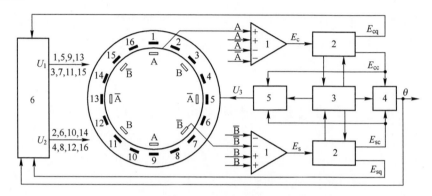

图 4.1　固体波动陀螺角度传感器模式时的功能图

实际工程中也可以使用精度稍差的模数转换器,但必须使用积分计算器[201],其工作原理如图 4.2 所示。往由逻辑模块控制的开关 1 和开关 2 上施加正弦电压 E_{cc} 和 E_{sc},通过这些开关对电压 E_{cc} 和 E_{sc} 进行整流,并将整流后的信号送到积分器的差分输入端,积分器输出的电压 $U_{测量}$ 取决于输入的半波幅值和数量。通过模数转换器测量电压 $U_{测量}$,并由逻辑模块控制开关 1 和开关 2,使 $U_{测量}$ 满足条件 $U_{min} < U_{测量} < U_{max}$。

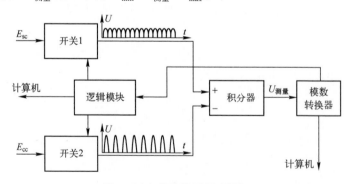

图 4.2　积分计算器的功能图

假设在某个时间周期内有 N_1 个半波通过开关 1,而有 N_2 个半波通过开

关 2,那么有 $U_{测量} = N_1 E_{sc} - N_2 E_{cc}$,由此有

$$\frac{E_{sc}}{E_{cc}} = \frac{U_{测量}}{N_1 E_{cc}} + \frac{N_2}{N_1} \qquad (4.5)$$

从式(4.5)得出,比值 E_{sc}/E_{cc} 的求解精度随着积分周期的增加而增长。若 $N_1 = 100$,则 $E_{sc}/E_{cc} = N_2/N_1$ 的精度为 1%。式(4.5)中的第二被加项是修正量,而且它的误差与 $1/N_1$ 成正比。若这个修正量中的电压 $U_{测量}$ 和 E_{cc} 用 14 位的模数转换器进行测量,又 $N_1 = 100$,则根据式(4.5)计算出比值 E_{sc}/E_{cc} 的精度约为 10^{-6} ,这与使用 20 位模数转换器的精度相当。

测量回路中电容传感器位置的分布精度对角 θ 的求解精度有实质性的影响。假设角度传感器式固体波动陀螺中,测量轴 $A-A$ 与 $B-B$ 的夹角为 45°上附加某一个角度 α ,并假设电容变换器 E_c 和 E_s 通道的传递系数 K_c 和 K_s 不同,则在计算实际方位为 θ 的驻波方位角时会产生角度求解误差,该误差为

$$\Delta\theta = \theta - 0.5\arctan\frac{K_s\sin(2\theta - \alpha)}{K_c\cos2\theta} \qquad (4.6)$$

图 4.3 为 α 和比值 K_s/K_c 取某些值时,该角度求解误差的计算结果。由于存在该误差,系统性漂移速率与驻波方位角的关系式比较复杂: $\dot{\theta} \approx \sin4(\theta + \Delta\theta)$ 。

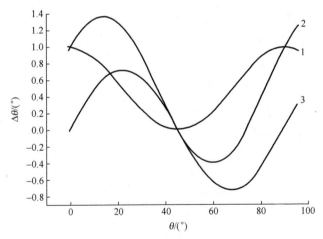

图 4.3 驻波方位角求解误差

(1—$K_s/K_c = 1, \alpha = 0.5°$;2—$K_s/K_c = 0.95, \alpha = 0.5°$;3—$K_s/K_c = 0.95, \alpha = 0°$)

据此,若在固体波动陀螺中 $\alpha = 20, K_s/K_c = 0.95$,则当驻波系统性漂移

速率的实际角关系为 $\dot{\theta}=\sin 4\theta$ 时,该固体波动陀螺测出的关系 $\dot{\theta}=f(\theta)$ 的形式为 $\dot{\theta}=0.999\sin 4(\theta+0.009)+0.033\sin 4(\theta+0.15)$,两者偏差约为 3%,可能会在陀螺标定时产生影响。正交振动的存在会导致波图产生各种形式的漂移,所以控制回路应对正交振动进行抑制。角度传感器模式下采用静电校准系统对正交振动进行抑制。

该正交抑制方法的实质是采用可控力对谐振子刚度的作用,使谐振子固有轴的方位与波图的方位重合。于是,尽管这种情况下仍保留有谐振子的非理想性,即此时的固有频率裂解不等于零,但波图是驻波。

采用沿谐振子圆周均匀分布的 16 个校准电极对谐振子形成可控力作用。这些电极相互十字连接,连成四组,通过产生静电力,使谐振子按四阶振型形变,通过缓慢改变施加到这些电极上的电压 U_1 和 U_2,可以控制谐振子的方位刚度,并转动其固有轴。根据文献[200]的阐述,在与驻波方位 θ 成 22.5°的方向施加控制力最有效。此外,控制回路中应包括专门的模拟或数字计算器 6(图 4.1)用来产生电压 U_1 和 U_2,电压的计算公式为

$$U_1 = \left(k_1\sqrt{E_{cq}^2+E_{sq}^2} + \int k_2\sqrt{E_{cq}^2+E_{sq}^2}\,\mathrm{d}t \right)\frac{\sin 4\theta}{\sqrt{|\sin 4\theta|}}$$

$$U_2 = \left(k_1\sqrt{E_{cq}^2+E_{sq}^2} + \int k_2\sqrt{E_{cq}^2+E_{sq}^2}\,\mathrm{d}t \right)\frac{\cos 4\theta}{\sqrt{|\cos 4\theta|}}$$

(4.7)

式中:k_1 和 k_2 为系数。电压 U_1 会施加到 0°或 45°处的校准电极组(约定电极 1 的位置为 0°)。相应地,电压 U_2 会施加到 22.5°或 67.5°处的校准电极组。给定式(4.7)中角 θ 的值,可以产生相应的静电力,使谐振子在任意方向按四阶振型变形。通过控制回路调节这些电压的幅值,以使正交分量趋于 0。相应地,谐振子的固有轴便与波图的方位重合。

使用环形电极来保持驻波幅值不变,从输出放大器 5 向该电极施加频率是振动频率 3 倍的脉冲电压(图 4.1)。图 4.4 为这些脉冲相对于谐振子薄壁位移的跟踪相位,在谐振子尚未变形时的 $\omega t=0$,$\omega t=\pi$ 时刻向环形电极施加电压,在下一个四分之一周期内环形电极与谐振子之间的间隙是非对称的。由于拉力与间隙大小的平方成反比,结果是间隙小的区域的拉力增大,而在间隙大的区域拉力减小。合力作用在驻波波腹的方向,导致谐振子的变形更大,之后环形电极上的电压减为零,谐振子回到未变形的状态。参数激励脉冲 U_3 的幅值由电压 $\sqrt{E_{cc}^2+E_{sc}^2}$ 与设定值的偏差决定,大小由幅值控制回路中的比例积分环节调节。

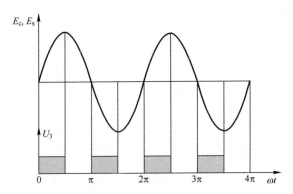

图 4.4　固体波动陀螺谐振子振动的参数激励曲线图

2. 角速率传感器模式

在角速率传感器模式下驻波相对于谐振子保持在一个不变的方位。通常情况下,振动波腹的方位与测量回路的一个轴重合,如果由于转动的原因在波节处产生了振动,那么增加的控制回路会形成电力来抑制这些振动,这时电力的强弱与旋转角速率成正比。虽然角速率传感器模式要求在固体波动陀螺中增加一个控制回路,但其技术实现比角度传感器模式简单。原因如下:

(1)求解旋转角速率时必须测量的信号值只有一个,即波节振动的抑制信号,而角度传感器模式下需要按照式(4.3)计算波的方位;

(2)驻波的方位与测量回路的轴重合,求解正交振动项的过程简化很多;

(3)驻波方位不变,可以采用位置激励来替代参数激励保持振幅的不变;

(4)可以在波节处施力而不使用静电校准系统来抑制正交振动,减少了必须的控制电极数量;

(5)在波腹和波节处的信号变化动态范围不大,角速率传感器模式下的测量回路线性度比角度模式下低很多。

(6)角速率传感器模式固体波动陀螺的结构和控制线路比角度传感器模式固体波动陀螺的简单很多。

图 4.5 为角速率传感器模式的固体波动陀螺功能图。与角度传感器模式相同,角速率传感器的测量回路也输出信号 E_c 和 E_s,它们分别与谐振子沿两个正交轴的振幅成正比,解调器 2 与控制装置 3 联合完成解调任务。但与角度传感器模式不同的是,信号 E_c 是基准信号,即 $E_{cq}=0$。

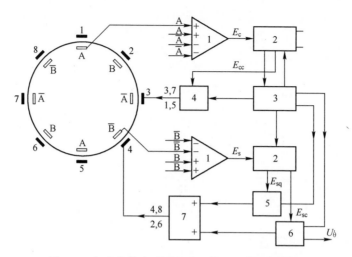

图 4.5　角速率传感器模式的固体波动陀螺功能图

驻波方位沿 A-A 方向,其幅值应是不变的,即 $E_{cc}=\mathrm{const}$。调制器 4 形成激励脉冲依次施加到电极 1、5、3、7 上用以保持振幅的不变。

图 4.6 为位置激励脉冲的跟踪相位图。脉冲宽度 τ 可以达到半个振动周期,应对波节处的同相和正交振动分量进行抑制,为形成抑制信号,将电压 E_{sc} 和 E_{sq} 分别通过比例积分电路 6 和 5,然后用于脉冲的幅值调制。

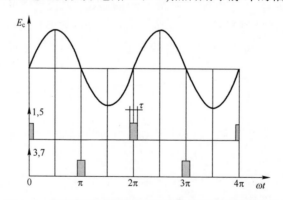

图 4.6　角速率传感器模式时位置激励脉冲的跟踪相位

图 4.7 为抑制脉冲的跟踪相位图。抑制脉冲 E_{sc} 和 E_{sq} 的幅值不同(幅值与 E_{sc} 和 E_{sq} 的大小相关),但会被送到同一些电极,因此在线路中有加法器 7 用于将这些脉冲求和。

要指出的是,不只可以采取幅值调制,还可以采取脉宽调制,这样更便于设计基于微控制器的固体波动陀螺电子线路。

102

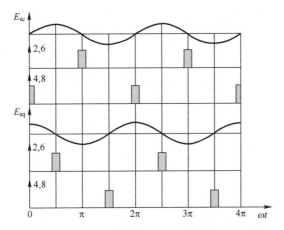

图 4.7　角速率传感器模式时抑制脉冲跟踪相位

还要指出的是,也可以使用 16 电极静电校准系统抑制角速率传感器模式下的正交振动分量,这时将校准电压 $U = k_1 E_{sq} + \int k_2 E_{sq} dt$ 施加到+22.5°或 −22.5°(取决于正交的符号)的校准电极上,使谐振子固有轴与波图的方位重合。

从理论上看,这两种正交抑制方法是等效的。

要注意的是,向电极 1~8 施加激励脉冲和抑制脉冲会导致在测量电极 A、$\overline{A}$、B、$\overline{B}$ 上产生干扰。但在简化线路中这个干扰的频率比信号 E_{sc} 和 E_{sq} 的频率高两倍,则可用模拟滤波或数字滤波的方法消除这个干扰。

角速率传感器模式固体波动陀螺的输出信息如下:

$$U_{\dot{\theta}} = \int E_{sc} dt$$

它与陀螺的旋转角速率成正比,角速率公式如下:

$$\frac{d\theta}{dt} = K_{дус} \frac{U_{\dot{\theta}}}{f E_c} \tag{4.8}$$

式中:$K_{дус}$ 为常值系数;f 为振动频率。

与角度传感器模式相同,电容电极的对准误差也会导致角速率的求解误差。固体波动陀螺标定时系数 $K_{дус}$ 中应考虑 E_c 和 E_s 通道传递系数的不一致性,这样后面将不会影响陀螺的工作。但激励电极分布角的误差则会导致不只是沿 A−A 轴有激励振动,沿 B−B 轴也有激励振动,这个振动将作为角速率被仪表敏感和接收。驻波的这个漂移可以看做系统性漂移,但应注意的是,它与驻波的幅值相关。

103

由式(4.8)可以看出,振幅的变化会导致 $U_{\dot{\theta}}$ 成比例变化,即相当于固体波动陀螺灵敏到一个旋转角速率的变化。由此得出,角速率传感器模式固体波动陀螺的振幅稳定性应当很高。此外,波节处的最大振幅可能会被抑制到0,这个值与该陀螺测量的最大角速率相对应,通过减小振幅可以扩大角速率的测量范围,但这会降低陀螺的灵敏度。专利[197]中为扩大角速率测量范围建立并引入一个补充线路,可以根据被测角速率成比例的减小振幅,该完善措施可以将固体波动陀螺的测量上限从约 $100°/s$ 提高到约 $10000°/s$,而不会降低陀螺在小角速率时的特性。

还有其他角速率传感器模式的设计方案。比如在专利[206]中为在沿 A-A 轴激励振动的同时抑制沿 B-B 轴的振动,建议使用与这些轴成±22.5°处的电极,该方案不会降低固体波动陀螺的特性,在某些情况下更便于技术实现。

交流测量回路的采用使角速率传感器模式固体波动陀螺的进一步完善有了更大的可能性。这个方案中可以用同一组电容电极实现谐振子的振动激励和测量,使电极总数缩减到了8个,该方案在一系列现代的角速率传感器模式固体波动陀螺中获得了成功应用[124,151,162]。

通常根据固体波动陀螺的用途选择其工作模式是角度传感器模式还是角速率传感器模式。角度传感器模式的特点是对输入角速率没有限制,标度因数稳定性高,但漂移补偿模型复杂,以及因驻波方位求解误差产生的角噪声很大。角速率传感器模式具有噪声特性好、漂移补偿模型较简单的优点,但这种模式下对最大输入角速率有限制。此外,角速率传感器模式下的标度因数稳定性由电子元件的稳定性决定,而且通常比角度传感器模式下的低很多。

4.2　固体波动陀螺的测量回路

固体波动陀螺的测量回路通常包括8个线位移传感器,它们沿谐振子圆周间隔45°分布。大多数情况下使用电容式传感器,其中的电容极板由谐振子的导电表面与外部电极板构成,外部电极涂覆在专门的测量基座表面,并与谐振子隔有一个不大的间隙。某些情况下,在简化的振动陀螺结构中还采用压电传感器,将其贴在谐振子的指定地方。通过 0°、90°、180°和270°的角度传感器来的信号差分求和,形成所谓的余弦通道信息 E_c,而 45°,135°,225°和315°的角度传感器的差分求和信号形成正弦通道信息 E_s,利用既能直流工作又能交流工作的特殊放大器形成这些信号。

在直流测量回路中,向谐振子导电表面施加几十伏或几百伏的直流电压,而将电容传感器的第二个极板连通到放大倍数为1的减耦放大器上(图4.8)。

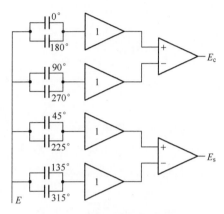

图4.8 直流测量回路线路图

若放大器的输入阻抗很大(约 $10^{10}\,\Omega$),则传感器工作在电荷恒定模式,它们的交变电压与谐振子振幅几乎成正比。

减耦放大器是信号采集回路中的核心元件,应能在噪声很小的前提下保证输入信号的幅值和相位的精确传输。下面将较详细地研究减耦放大器的构建特点。

为达到较高的输入阻抗,按照电压输出器的线路构建减耦放大器,并增加正反馈,该方法在首批固体波动陀螺结构中已经得到使用。下面根据图4.9中的线路图研究该放大器的工作流程。

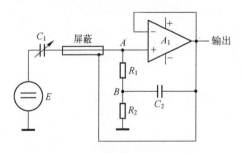

图4.9 减耦放大器线路图

信号从电容传感器 C_1 的外极板送到放大器的输入端,传感器的另一个极板——谐振子的导电表面与电动势 E 连接。

放大器 A_1 按电压输出器线路连接,输出端的电压几乎等于点 A 处的电压:$U_A = U_0 \cos\omega t$。点 B 处的电压由 $R_2 C_2$ 电路形成,它与 U_A 的幅值和相位均不同。若 $R_2 \gg (\omega C_2)^{-1}$,则经过电阻 R_1 的有效电流值可由 U_A 和 U_B 的差值求出,近似为

$$\bar{I}_{R_1} \approx \frac{\sqrt{2}\,U_0\phi}{2R_1} \cong \frac{\sqrt{2}\,aE\phi}{2d_0 R_1} \qquad (4.9)$$

式中:a 为谐振子薄壁的振幅;ϕ 为 U_A 和 U_B 之间的相移;d_0 为电容传感器的间隙。

根据图(4.9)向放大器中引入反馈,使整个输入阻抗增加了 ϕ^{-1} 倍。若 $R_1 = 5.1\text{M}\Omega$,$R_2 = 82\text{k}\Omega$ 和 $C_2 = 1\mu\text{F}$,则相移 $\phi = 0.0004$,而放大器的全部交流输入阻抗约等于 13GΩ。要注意的是,电流流过电阻 R_1,在其上会有有效功率的耗散 P:

$$P = \frac{1}{2R_1}\left(\frac{aE\phi}{d_0}\right)^2 \qquad (4.10)$$

这会给振荡器带来额外的能量损耗

$$Q^{-1} = \frac{1}{\omega^3 M \cdot R_1}\left(\frac{E\phi}{d_0}\right)^2 \qquad (4.11)$$

式中:M 为谐振子的等效质量。

数值估计表明:这些损耗很小。当 $E = 100\text{V}$,$M = 1\text{g}$,$\omega = 9\times10^3 \pi\text{s}^{-1}$,$R_1 = 5.1\text{M}\Omega$,$d_0 = 100\mu\text{m}$,$\phi = 0.0004$ 时,则 $Q^{-1} \approx 10^{-12}$。

需要指出的是,只有在补偿掉所有寄生电容的条件下减耦放大器的全部输入阻抗才能达到很高。为补偿输入电路中屏蔽板形成的电容,向屏蔽板施加输出电压,这样输入导线与它们的屏蔽板具有相同的电势,故电流不会流过这些电容,等效于没有电容。还必须将运算放大器 A_1 中的输入场效应晶体管闸门的分布电容降到最小,这是因为该电容可导致输入放大器的传递系数降低约 10%~30%。

交流测量回路的线性度不好,但通过拉开频率,可以使用同一组电极激励和测量谐振子的振动,这样,可以极大简化固体波动陀螺的结构。

图 4.10 为固体波动陀螺交流测量回路的功能图。

对于余弦通道采用的电压频率为 F_1,对于正弦通道采用的电压频率为 F_2(比如在文献[142]中 $F_1 \approx 600\text{kHz}$,$F_2 \approx 400\text{kHz}$)。

所有的信号都经过一个交流减耦放大器放大后送到解调器,分成两个

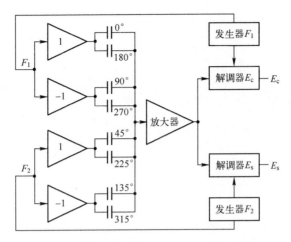

图 4.10　固体波动陀螺交流测量回路的功能图

输出交流电压 E_c 和 E_s,由于载频 F_1 和 F_2 足够大,所以电容式传感器的内阻抗比直流采集回路的小很多,这样对减耦放大器的指标要求降低很多。此外,使用模数转换器替代解调器则易于将输出信息转换成二进制码(图4.11),很明显,这些频率的比为小数时会产生包线恢复误差。

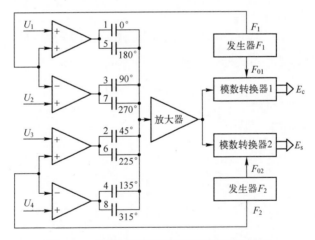

图 4.11　固体波动陀螺数字交流测量回路图

　　选择模数转换器的采样频率值(F_{01} 和 F_{02})时应使它们比载频 F_1 和 F_2 小整数倍,否则输出信号将不能被很好的解调。

　　图 4.12 为模数转换器载频与采样频率比值不同的情况下包线的恢复程序。振动激励和抑制的低频电压($U_1 \sim U_4$)可能会施加到测量回路中的同一些电极 1~8 上(图 4.10),因为频率跨度大,这些信号不会造成相互

干扰。

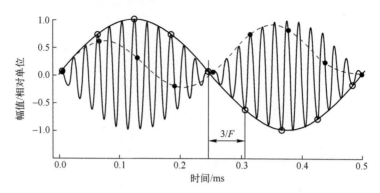

图 4.12　模数转换器载频 F 与采样频率 F_0 比值为整数和小数时
信号包线的分离（○—$F/F_0 = 3$；·—$F/F_0 = 3.1$。）

这种功能混合不超过 8 个电容电极，极大地简化了固体波动陀螺的总体结构。还将研究一种带角度跟踪的交流测量回路方案，该方案是 Matthews A. 为角度传感器模式设计的。

这种方案中（图 4.13），向正弦和余弦通道的电极施加的是 F_1 频率电压与 F_2 频率电压的合电压：

$$\begin{cases} E_1 = E_0 \big[\cos\theta_\tau \cos(2\pi F_1 t + \phi_1) + \sin\theta_\tau \cos(2\pi F_2 t + \phi_2) \big] \\ E_2 = E_0 \big[\sin\theta_\tau \cos(2\pi F_1 t + \phi_1) + \cos\theta_\tau \cos(2\pi F_2 t + \phi_2) \big] \end{cases} \quad (4.12)$$

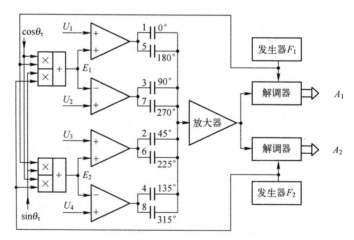

图 4.13　固体波动陀螺交流跟踪测量回路图

式中：E_0 为幅值；而 ϕ_1, ϕ_2 为频率分别为 F_1 和 F_2 的输入交流电压的相位；

108

角 θ_τ 对应驻波的计算方位,这个角度在控制装置中形成,可能会与实际的方位角 θ 不同。

将输出电压相对于 $\cos(2\pi F_1 t + \phi_1)$ 和 $\cos(2\pi F_2 t + \phi_2)$ 解调,得到输出电压 A_1 和 A_2 如下:

$$\begin{cases} A_1 = \sqrt{E_{cc}^2 + E_{sc}^2}\cos(\theta - \vartheta_\tau)\cos\omega t - \sqrt{E_{cq}^2 + E_{sq}^2}\sin(\theta - \theta_\tau)\sin\omega t \\ A_2 = -\sqrt{E_{cc}^2 + E_{sc}^2}\sin(\theta - \vartheta_\tau)\cos\omega t - \sqrt{E_{cq}^2 + E_{sq}^2}\cos(\theta - \theta_\tau)\sin\omega t \end{cases} \quad (4.13)$$

若正交振动被抑制,则有

$$\begin{cases} A_1 = \sqrt{E_{cc}^2 + E_{sc}^2}\cos(\theta - \vartheta_\tau)\cos\omega t \\ A_2 = -\sqrt{E_{cc}^2 + E_{sc}^2}\sin(\theta - \vartheta_\tau)\cos\omega t \end{cases} \quad (4.14)$$

现在可以看出,若驻波的计算方位角与实际值一致(即 $\theta_\tau = \theta$),则 $A_2 = 0$,否则就要改变角 θ_τ 的值,使电压 A_2 为 0。用角 θ_τ 的方差法求解驻波的方位可以避免前面描述过的根据式(4.3)求解角 θ 时产生的相关问题,但这时需要精密的乘法器来形成信号 E_1 和 E_2。

固体波动陀螺交流测量回路也会给谐振子带来额外的衰减。图 4.14 为交流测量电路的等效电路图,图中:U 为外部发生器的高频电压,R_i 为该发生器的输出阻抗,C 为传感器电容,r 为谐振子金属镀层阻抗,R 为减耦放大器的输入阻抗。

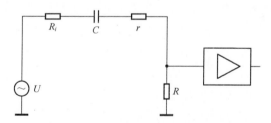

图 4.14　交流测量电路的等效电路图

电路中的电流为

$$I(x) = \frac{U}{\sqrt{(R+R_i+r)^2 + \left(\dfrac{1+x/d_0}{\omega_h C}\right)^2}} \approx \frac{U}{\sqrt{(R+R_i+r)^2 + \dfrac{1}{\omega_h^2 C^2}}} - \frac{xU}{d_0\omega_h^2 C^2\sqrt{(R+R_i+r)^3}}$$

$$(4.15)$$

式中:ω_h 为高频振动频率;d_0 为电容传感器间隙;x 为振动时谐振子薄壁的偏移,$x = a\cos\omega t$。

一个高频测量电极所带来的内阻尼为

$$Q_h^{-1} = \frac{U^2\omega_h^2 C^2 (R+R_i+r)}{\omega^3 d_0^2 M \left[\omega_h^2 C^2 (R+R_i+r)^2+1 \right]^3} \tag{4.16}$$

式中:M 为谐振子的折合质量;ω 为振动角频率。根据式(4.16)对引入的内阻尼估算表明:当减耦放大器输入阻抗约为 100MΩ 时,这个内阻尼值很小。那么,当 $R=5\times10^5\Omega, R_i=10^3\Omega, r=10^4\Omega, U=10\text{V}, \omega_h=10^6\pi\text{s}^{-1}, \omega=10^4\pi\text{s}^{-1}, d_0=100\mu\text{m}, M=1\text{g}, C=5\text{pF}$ 时,得到 $Q_h^{-1}=1.6\times10^{-10}$。也就是说,如果放大器输入阻抗值选取合适,那么交流测量回路带入的内阻尼很小。

4.3 数字信号处理器在固体波动陀螺电子线路中的应用

固体波动陀螺电子线路的实现形式多种多样。图 4.1 和图 4.5 所示的所有控制回路都可以基于模拟微电路构建(比如用运算放大器)。微电路可以实现输入信号 E_c 和 E_s 必要的变换,并向固体波动陀螺输出相应的波图控制信号,以这种方式构建的电子线路包括几十个微电路,焊装难度大,调试复杂。此外,由于无线电元件老化和周围环境的影响,可能会出现运算放大器零偏,相位滞后等现象,从而影响仪表的工作精度。固体波动陀螺电子线路的另外一种构建方式是采取输入信号 E_c 和 E_s 的模数变换,信息数字处理,形成数字或模拟控制信号。显然,这时电子线路的稳定性只由输入模数转换器的稳定性决定。此外,用可编程调试线路,简化了调试过程。

数字信号处理器的应用,使这种数字电子线路的设计有更多的可能性。这些数字信号处理器在一个壳体下集成了输入模数转换器、微处理器、节拍发生器、存储器、输出接口等器件。也就是说,只基于一个微电路,并加上输入和输出放大器就可以实现固体波动陀螺电子线路的主要部分。目前生产的一系列数字信号处理器在体系结构、处理速度和外围单元组方面互有差异。下面研究 Motorola 公司生产的 DSP56F805 数字信号处理器,图 4.15 为该处理器的框图。

处理器 16 位核的体系结构保证了每秒 4 千万次的处理能力(MIPS),包括 4 个可平行工作的计算单元:数据算术逻辑单元(Data ALU),地址生成单元(Address Generation Unit),程序控制器(Program Controller)和位处理单元(Bit Manipulation Unit)。每个单元都有自己的寄存器组和控制逻辑,这些计算单元通过三个内部地址总线和四个数据总线相互通信,并与存储器模块、外围设备的寄存器等相互通信。DSP56F805 有几个外围单元:两个四通道

110

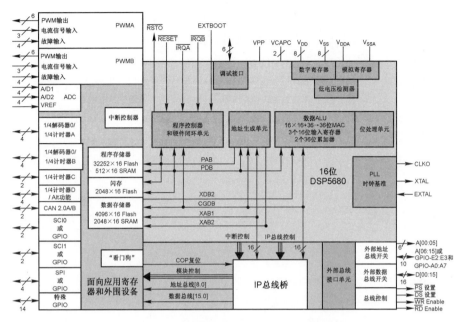

图 4.15　DSP56F805 数字信号处理器框图

模数转换器(ADC),两个调宽脉冲调制输出单元(PWMA,PWMB),正交脉冲序列解码器(Quadrature Decoder),串行通信接口(SCI),串行外设接口(SPI),输入输出端口及中断控制器。

　　双模数转换器包括两路四输入的多路转换器,两个采样/保持器(采样时间 $0.2\mu s$)和两个转换时间 $1.2\mu s$ 的 12 位模数转换器。寄存器组可以同时存储八个测量值的转换结果,输入电压 $0\sim3V$ 。

　　双模数转换器可以工作在依次转化模式或同步转化模式。此外,输入电路技术可以将每对相邻的模拟输入看做两个单独的信号,也可以看做一个差分信号。可以编程指定模拟输入的不同扫描模式,比如,可以实现八个模拟信号的依次采样或拥有四个差分信号,以及在采用双模数转换器时同时向其中两个寻址。转换结果既可以以带符号的数值呈现,也可以为不带符号的数值,并可通过减去给定偏差的方法进行自动校准。模数转换器还可以与调宽脉冲生成单元同步启动,或单独启动。每个模拟通道的三个比较器可以求出信号变号的时刻或信号超出指定边界的时刻。这些比较器可以机械控制而不需要处理器。

　　正交解码器可以用作正交脉冲信号的解码。

　　宽脉冲调制单元(PWMA、PWMB)用于控制各种类型的执行机构。每个调制单元可以形成 6 个独立的宽脉冲调制信号或 3 对互补宽脉冲调制信号,形成的宽脉冲调制信号经过前沿整流和同步脉冲中央整流。

两个串行通信接口(SCI0、SCI1)采用 NRZ 标准格式完成数据交换。

串行外设接口(SPI)采用四个标准 SPI 输出,实现数据的同步双联依次交换,任意一个接口都可作为通用输入输出端口(GPIO)。

大部分的输入输出线路的负载能力为 10mA。

中断控制器(Interrupt Controls)接收从外围设备来的中断性寻址。DSP56F805 中断系统具有以下可能性:

中断源数为 64 个;中断优先级数为 7 个;每个中断源都可以被指定为 7 个优先级中的任一个。

每个中断源均固定有一个中断矢量,它决定了内部优先级。

每个外围单元负责屏蔽自己的中断,此外,还有一个公共的寄存器可以放行或者拒绝某个级别的中断。

根据数字信号处理器输出的中断建立一系列运算。软件由实现具体任务的程序单元组成,并集成各种功能组。程序单元组可以分为标准程序单元组、功能算法程序单元组和组织实时交换和计算的程序单元组。

固体波动陀螺的输出信息通过串行接口输出。Metrowerks 公司推荐的 CodeWarrior v. 5.0 软件包括设计集成环境、计算机汇编语言、C/C++程序、组配程序和调试程序。调试程序支持通过计算机的 LPT 接口或 USB 接口与目标线路板通信,以便在 JTAG 接口工作系统中装载和调试程序。为了使用 CodeWarrior 研发了 Embedded Software Development Kit (SDK v. 2. 4. 1)数据库,包括数学函数、DSP 子程序和外设驱动程序。

可编程 JTAG 电缆是 DSP56F805 所必需的一个硬件调试设备,可以在 CodeWarrior 调试程序控制下对系统中程序直接进行电路内调试,还可以对嵌入式非易失性存储器模块进行编程。

除了 DSP56F805,还可以使用其他数字信号处理器构建固体波动陀螺的电子线路,比如 Analog Devices Inc. 公司的 ADSP-21992,Microchip Technology Inc. 公司的 PIC24HJ256GP610,Texas Instruments 公司的 TMS320F240 等。

4.4　固体波动陀螺的可靠性

可靠性是仪表在规定时间内规定条件下完成规定功能的能力。作为可靠性指标一般采用仪表在单位时间内的失效率或平均故障数 λ,平均无故障工作时间(Mean Time Between Failures,MTBF)可由下式计算得出:

$$\text{MTBF} = \int_0^\infty t\lambda^{-\lambda t}\mathrm{d}t = 1/\lambda \tag{4.17}$$

平均故障频率:

$$f_{\text{cp}} = \frac{1}{t}\int_0^t \lambda\,\mathrm{e}^{-\lambda\tau}\mathrm{d}\tau = \frac{1}{t}(1 - \mathrm{e}^{-\lambda t}) \tag{4.18}$$

设 $\lambda t \leqslant 1, \mathrm{e}^{-\lambda t} \approx 1-\lambda t$,得到 $f_{\text{cp}}(t) \approx \lambda$。

也就是说,从磨合阶段结束后到仪表有形磨损开始前的工作周期内平均故障频率等于失效率,对于大多数无线电设备元件的失效率 λ 时间关系曲线如图 4.16 所示。在开始的时间段内,那些未被检测出的带有较大缺陷的元件会损坏,这些损坏元件显现后失效率减小并后续保持不变,即进入正常工作阶段。

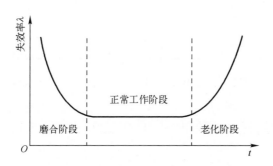

图 4.16　失效率随时间变化的关系曲线

随着元件磨损程度的增加,失效率重新升高,开始了元件老化阶段,采用可靠性计算指标或对批次仪表实验结果进行统计处理来进行可靠性量化计算,下面具体研究这些方法。

4.4.1　可靠性的预计

该方法用在仪表的研制阶段。假设 n 为仪表中不同类型元件的数量,$\lambda_1,\lambda_2,\cdots,\lambda_n$ 为元件的平均失效率,而 $s_1,s_2,\cdots,s_n$ 为仪表中该类元件的数量,于是对于整个仪表有

$$\lambda = \lambda_1 s_1 + \lambda_2 s_2 + \cdots + \lambda_n s_n \tag{4.19}$$

实际工作中计算可靠性时会形成所用元件的清单并确定每种元件的失效率,然后累加各元件的失效率,求出 MTBF 值。

接下来引入与工作模式和工作条件相关的系数。为核算平均使用条件的影响,通常引入刚度系数,考虑外部不利因素作用下 MTBF 的缩短程度。

例如,计算 BГ941-3AM 光纤陀螺的可靠性。该光纤陀螺含有光学部件和电子线路部件,电子元件的可靠性资料取自经常用于类似计算的美标 MIL-HDBK-217F,可靠性计算条件为正常环境条件。表 4.1 和表 4.2 包括了光学和电子线路部件不同元件的失效率数据,以及这些元件在陀螺中的数量。

表 4.1　陀螺光学部件元件的失效率

名　　称	元 件 数 量	工作一百万小时的失效率 λ_n
光电探测器	1	1.5
光源	1	20
光纤环	1	0.5
元件间的连接光纤	1	1.5
偏振器	1	10
耦合器	2	1
调制器	1	2.5

利用上述数据,根据式(4.19)得到光学部件的失效率为 $\lambda_{\text{OБ}} = 37 \times 10^{-6}/\text{h}$,而电子线路部件的失效率为 $\lambda_{\text{ЭБ}} = 2.91 \times 10^{-6}/\text{h}$。将得到的光学部件和电子线路部件失效率进行比对,可得出:光纤陀螺的可靠性主要取决于光学部件的可靠性。

正常使用条件下该仪表的平均无故障工作时间为

$$\text{MTBF} = \frac{10^6}{\lambda_{\text{OБ}} + \lambda_{\text{ЭБ}}} = 25000$$

表 4.2　陀螺电子线路部件元件的失效率

名　　称	元 件 数 量	工作一百万小时的失效率 λ_n
二极管	1	0.008
三极管	8	0.12
微电路	17	0.024
电容	60	0.016
电阻	80	0.005
发光二极管	1	0.03
焊点	350	0.0004

若工作条件与正常条件有差异,则得到的 MTBF 值应除以修正系数 K(对于正常条件 $K=1$)。美标 MIL-HDBK-217F 中建议这个系数的取值如下:

(1) 对于地面设备 $K=2$;

(2) 对于陆地运输设备 $K=4$;

(3) 对于海上设备 $K=4$;

(4) 对于飞机上设备 $K=5$;

(5) 对于直升机上设备 $K=8$;

(6) 对于宇航设备 $K=0.5$;

(7) 对于导弹 $K=5$;

(8) 对于运载火箭 $K=12$。

比如,将光纤陀螺安装在直升机上时其平均无故障工作时间应为 $25000 \div 8 = 3125\text{h}$。如果仪表元件的失效率已知,计算仪表可靠性时还广泛采用计算法,对于固体波动陀螺来说其机械部件的失效率未知,这种方法可能会导致计算错误。

4.4.2 MTBF 的试验评估

通过对批次仪表进行时间足够长的固定高温试验或温度循环试验可以评定(估)其 MTBF 值。采用 Coffin-Manson 模型处理得到的试验结果,这时失效率计算公式为

$$\lambda = \frac{\chi^2(\alpha, \beta)}{2tA_F} \qquad (4.20)$$

式中:t 为总试验时间;A_F 为加速因数;$\chi^2(\alpha, \beta)$ 为皮尔逊分布(见附录);α 为概率;β 为自由度,等于故障数加上数值 2(若试验过程中没有故障,则 $\beta=2$;若有一次故障,则 $\beta=3$;等等)。

固定高温试验时,加速因素可以根据下式计算:

$$A_F^T = \exp\left[\frac{E_a}{k}\left(\frac{1}{298} - \frac{1}{T}\right)\right] \qquad (4.21)$$

温度循环试验(一昼夜不少于 6 个循环)时,加速因素可以根据下式计算:

$$A_F^{\Delta T} = \left(\frac{\Delta T}{\Delta T_1}\right)^{1.9}\left(\frac{RH_t}{RH}\right)^3 \exp\left[\frac{E_a}{k}\left(\frac{1}{298} - \frac{1}{T_{max}}\right)\right] \qquad (4.22)$$

式中:T 为试验时的温度(K);T_{max} 为试验时的最高温度(K);ΔT 为循环试

验时最高温与最低温之差;ΔT_1 为仪表开机状态下和关机状态下的内部温度差;RH 为正常条件下的空气湿度;RH_t 为试验条件下的空气湿度;E_a 为激活能;k 为玻耳兹曼常数。

下面来看该方法的具体应用实例。

实例 4.1:连续一周试验 10 只仪表,假设有 2 只仪表在这期间故障,试验温度不变,为 50℃。基于这些数据评估 MTBF 值:

计算加速因数。取激活能量值 $E_a = 0.1eV/°$(此值为标准 MIL-HDBK-217F 建议的微电路取值),$k = 8.617×10^{-5}eV/°$,则根据式(4.21)得出 $A_F^T =$ 1.352。下面求出这种情况下的皮尔逊分布值。因有 2 个仪表故障,则 $\beta =$ 2+2=4,α 表示实际失效率不超过计算失效率的概率,取 $\alpha = 0.9$,得到皮尔逊分布值(见附录)$\chi^2(0.9,4) = 7.7794$。根据式(4.20),当 $t = 1680h$ 时,有 $\lambda = 0.0017125$,MTBF $= 584h$。

实例 4.2:连续一周试验 10 只仪表,假设有 1 只仪表在这期间故障,试验温度从 $-50℃$ 到 $+50℃$ 循环变化,一昼夜 6 个循环,空气湿度为 85%,仪表开机状态下和关机状态下的内部温度落差为 10K,基于这些数据评估 MTBF 值:

根据式(4.22)计算加速因数。代入 $\Delta T = 100K$,$\Delta T_1 = 10K$,$RH_t = 85\%$,$RH = 70\%$,$T_{max} = 323K$,则有 $A_F^{DT} = 192.2$。下面求出这种情况下的皮尔逊分布值。因有 1 个仪表故障,则 $\beta = 1+2 = 3$,假设还是 $\alpha = 0.9$,从附录得到 χ^2 (0.9,3)$= 6.2514$,从而有 $\lambda = 9.68×10^{-6}$,MTBF $= 103304h$ 或 11.8 年。

上面是仪表在正常条件下使用时的 MTBF 评估举例。其他条件下 MTBF 应除以修正系数。所举的例子表明:若环境温度循环变化,MTBF 评估试验的时间可以相当短(一周时间),应该采用这样的试验方式。

4.5 利用 Allan 方差方法分析固体波动陀螺输出信号

固体波动陀螺对外部角速率的灵敏度很大程度上取决于测量通道噪声背景下对信号的分离情况。实际上输出信号通常是带有随机偏差的数值 x_i 的 序列,即得到一组随机数据样本。在统计上广泛使用方差 σ^2(或者标准差 σ)来表征不稳定性的性能指标。

$$\sigma^2 = \frac{1}{n-1} \sum_{i=1}^{n} (x_i - \bar{X})^2, \bar{X} = \frac{1}{n} \sum_{i=1}^{n} x_i \qquad (4.23)$$

式中:n 为样本数;$\bar{X}$ 为均值。

如果测试量里面包含一些噪声源,那么利用经典方法进行方差测试不能总是可以辨别出误差源,定量给出该误差源占总误差的比例,所以近年来利用 Allan 方差方法解决类似的问题。这种方法被美国电气和电子工程师协会(IEEE)陀螺仪和加速度计委员会推荐用于测试和评价加速度计和哥氏振动陀螺。

Allan 方差方法的本质是用于随机过程非自身误差的方差计算,而是两个相邻样本的均值差。假设有一组数据 n,数据间有相同的时间间隔 Δt,把这些数据分成 K 组,每组含有 M 个数据,每组的时间 $\tau = M \cdot \Delta t$($M = 1, 2, 3, 4, \cdots; M < n/2$)。

对于每组里的所有 x_i 可以得到一个均值 $\overline{X}_K$。时间 τ 表示 M 个测试数据 x_i 的平均时间,Allan 方差 σ_A^2 计算公式为相邻两组数据 $\overline{X}_K$ 均值差的方差:

$$\sigma_A^2 = \frac{1}{2(K-1)} \sum_{K=1}^{K} \left[\overline{X}_{K+1}(M) - \overline{X}_K(M) \right]^2 \tag{4.24}$$

$\sigma_A^2(\tau)$ 的值与数组的大小 M(以及平均时间 τ)有关,Allan 方差同功率谱密度函数 $S(f)$ 有如下关系:

$$\sigma_A^2(\tau) = 4 \int_0^\infty S(f) \frac{\sin^4(\pi f \tau)}{(\pi f \tau)^2} df \tag{4.25}$$

由式(4.25)可见,Allan 方差计算可以解释为将输入数据通过一个可调带通滤波器。改变滤波器带宽(即 τ),可以区分、识别并定量估计这些数据里存在的不同噪声。不同类型的噪声对应不同的 σ_A^2 和 $S(f)$ 的关系,现在详细研究以下几种形式的噪声。

1. 角度随机游走

这种噪声是高频噪声,其相关时间比采样时间 Δt 短。在实际的陀螺输出信号中它以白噪声的形式出现,这种情况下功率谱密度通常为常值 $S(f) = N^2$,而 Allan 方差为

$$\sigma_A^2(\tau) = \frac{N^2}{\tau} \tag{4.26}$$

式中:N 为角度随机游走系数。

在对数坐标系中 $\sigma_A^2(\tau)$ 是一条斜率为 $-1/2$ 的直线(图 4.17)。其中,$N = \sigma_A(1)$,即 N 为 $\tau = 1$ 时直线上点的纵坐标。如果 τ 的单位为小时(h),那么 N 的单位为度/小时的二分之一次方($°/\sqrt{h}$)。如果 τ 的单位为秒(s),N 的单位则为度/小时/赫兹的二分之一次方($°/h/\sqrt{Hz}$)。两种单位的转换有如下关系式:

$$N[\,°/\sqrt{h}\,] = \frac{1}{60}N[\,°/h/\sqrt{Hz}\,] \tag{4.27}$$

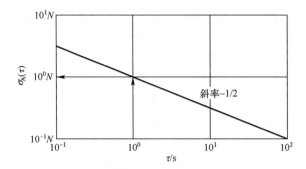

图 4.17　角度随机游走的 Allan 方差

2. 零偏不稳定性

这种噪声通常和电路及数据的零位波动相关。

这种条件下的谱密度噪声为

$$S(f) = \begin{cases} \left(\dfrac{B^2}{2\pi}\right)\dfrac{1}{f}, & f \geqslant f_0 \\ 0, & f < f_0 \end{cases} \tag{4.28}$$

式中：B 为零偏不稳定性系数；f_0 为截止频率。

把式(4.28)代入式(4.25)中并求积分,得到这时的 Allan 方差为

$$\sigma_A^2(\tau) = \frac{2B^2}{\pi}\left\{\ln 2 - \frac{\sin^2(\pi f_0\tau)}{2\,(\pi f_0\tau)^2}\times\right.$$

$$\left.\left[\sin(\pi f_0\tau)+4(\pi f_0\tau)\cos(\pi f_0\tau)+Ci(2\pi f_0\tau)-Ci(4\pi f_0\tau)\right]\right\}$$

$$\tag{4.29}$$

式中：Ci 为余弦积分。

图 4.18 中展示了对数坐标形式的关系式(4.29)。可以看出,当 τ 远远大于 $1/f_0$ 时,零偏稳定性的 Allan 方差是恒定值,并且可以利用这一区域确定系数 B。所以,通常认为这个区域对应固体波动陀螺输出数据的最佳平均时间。

3. 角速率随机游走

这种噪声是相关时间较长的非确定性噪声。这种情况下的谱密度噪声和 Allan 方差为

118

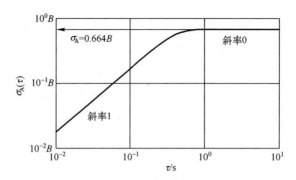

图 4.18　零偏不稳定性的 Allan 方差

$$S(f) = \left(\frac{K}{2\pi}\right)^2 \frac{1}{f^2}, \quad \sigma_A^2(\tau) = \frac{K^2\tau}{3} \qquad (4.30)$$

式中:K 为角速率随机游走系数。在对数坐标下这时的 Allan 方差为斜率为 1/2 的直线(图 4.19)。

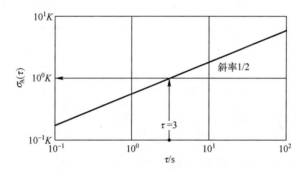

图 4.19　角速率随机游走的 Allan 方差

系数 K 值为直线上 $\tau=3$ 时对应的点。如果 τ 的单位为小时(h),那么 K 的单位为度/小时的二分之三次方(°/h$^{3/2}$);如果 τ 的单位为秒(s),那么 K 的单位为°/h$\sqrt{\text{Hz}}$。两者之间的转换关系为

$$K[\,°/h^{3/2}\,] = 60K[\,(°/h)\sqrt{\text{Hz}}\,]$$

4. 输入角速率趋势项

平均时间很大时会出现各种确定性误差,它们可能与许多因素相关,如试验平台的加速度。这种情况看上去像是出现了一个 $\Omega = Rt$ 的输入角速率,此时的谱密度噪声和 Allan 方差为

$$S(f) = \frac{R^2}{(2\pi f)^3}, \quad \sigma_A^2(\tau) = \frac{R^2\tau^2}{2} \qquad (4.31)$$

在对数坐标下 Allan 方差对应斜率等于 1 的一条直线(图 4. 20)。系数 R 等于 $\tau = \sqrt{2}$ 时的 σ_A 值。

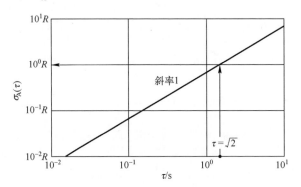

图 4. 20   输入角速率趋势项的 Allan 方差

5. 量化噪声

如果在仪表中有数字模拟转换器,那么信号的测量精度就有一定的限制。这就等效于信号中出现了随机变量,这种形式的谱密度噪声和 Allan 方差为

$$S(f) \cong (2\pi f)^2 \Delta t Q^2, \quad \sigma_A^2(\tau) = \frac{3Q^2}{\tau^2} \tag{4.32}$$

式中:Q 为量化噪声系数。

在对数坐标下 Allan 方差对应于斜率等于 -1 的一条直线(图 4. 21),系数 Q 等于 $\tau = \sqrt{3}$ 时的 σ_A 值,Q 的单位为 $(°)$ 或 $(s/\sqrt{Hz})$。

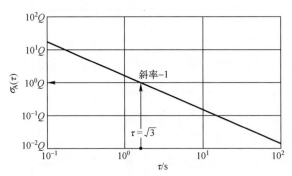

图 4. 21   量化噪声的 Allan 方差

6. 马尔可夫噪声

这种噪声的谱密度函数为

120

$$S(f) = \frac{(q_c t_c)^2}{1+(2\pi f t_c)^2} \qquad (4.33)$$

式中：q_c 为噪声幅值；t_c 为相关时间。

把式(4.33)代入式(4.25)中，积分可得马尔可夫噪声的 Allan 方差为

$$\sigma_A^2(\tau) = \frac{(q_c t_c)^2}{\tau}\left[1-\frac{t_c}{2\tau}(3-4e^{-\frac{\tau}{t_c}}+e^{-\frac{2\tau}{t_c}})\right] \qquad (4.34)$$

图 4.22 为对数坐标下的马尔可夫噪声的 Allan 方差。

从图 4.22 中可以看出，如果 $\tau \gg t_c$，那么有

$$\sigma_A^2(\tau) \Rightarrow \frac{(q_c t_c)^2}{\tau} \qquad (4.35)$$

显然，当 $q_c t_c = N$ 时，方程式(4.35)等同于方程式(4.26)，即当相关时间 t_c 很小时，马尔可夫噪声可等效为角度随机游走。当相关时间 t_c 很大时，其 Allan 方差表达式等同于角速率随机游走表达式(4.30)。

$$\sigma_A^2(\tau) \Rightarrow \frac{q_c^2}{3}\tau, \quad t_c \gg \tau \qquad (4.36)$$

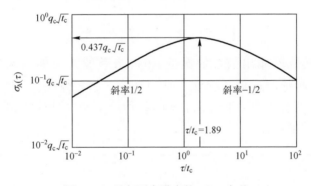

图 4.22　马尔可夫噪声的 Allan 方差

7. 正弦噪声

正弦噪声的来源可能是实验台的缓慢低频运动。它的谱密度函数可以表示为至少存在一个闪烁频率 f_0：

$$S(f) = 0.5\Omega_0^2[\delta(f-f_0)+\delta(f+f_0)] \qquad (4.37)$$

式中：Ω_0 为噪声幅值；δ 为 δ 函数。

多频正弦噪声可以描述为方程式(4.37)的每个单频分量噪声项之和，单频正弦噪声的 Allan 方差可以表示为

$$\sigma_A^2(\tau) = \Omega_0^2 \left(\frac{\sin^2 \pi f_0 \tau}{\pi f_0 \tau} \right)^2 \tag{4.38}$$

对数坐标下的正弦噪声 Allan 方差曲线如图 4.23 所示。为识别和估算噪声分量,必须做一条与几个峰值相切且斜率为-1 的切线。从图中可以看出,后续的峰值依次快速减小,并有可能会因为其他更高阶的频率而失真,从而数据处理变得复杂。通常情况下,在输出数据中会出现所有描述的过程。经验表明:大多数情况下,平均时间 τ 不同时,出现的噪声分量也不同,所以识别相对简单。

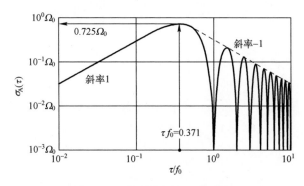

图 4.23　正弦噪声的 Allan 方差

角速度传感器输出信号的典型 Allan 方差曲线表如图 4.24 所示。通常,陀螺内各种噪声过程在统计上是相互独立的。因此,对于任意 τ 来说,Allan 方差可以表达为对于同一个 τ 的各种单个噪声过程的和,并求出这些噪声分量的图形特征。

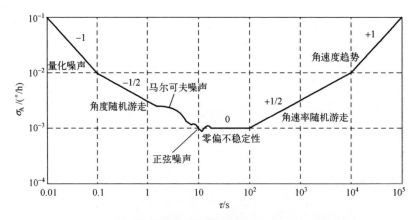

图 4.24　角速率传感器输出信号的 Allan 方差典型曲线图

122

作为实例现在研究如何运用 Allan 方差法处理环形谐振子微型固体波动陀螺的信号,该陀螺处于角速率工作方式(图 4.25)。

图 4.26 为基座静止时和旋转角速度为 500°/s 时得到的微型固体波动陀螺的实验数据,信号的采样频率为 1kHz,测试时间 56min。

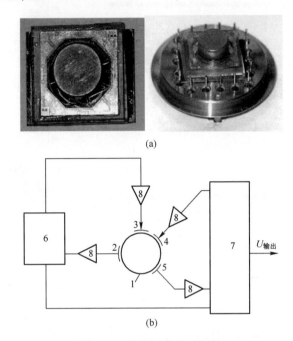

(a)

(b)

图 4.25　微型固体波动陀螺

(a) 微型固体波动陀螺的外形图;(b) 微型固体波动陀螺的功能图。

1—谐振子;2,3,4,5—激励电极和测量电极;6—激励装置;

7—测量装置;8—缓冲放大器。

从图 4.26 中可以看出,陀螺信息伴随着噪声。在开始阶段可以观测到由于工作仪表部件的温度升高出现的过渡过程。

下面将输出电压值转换为仪表的工作量纲,度每秒(°/s),为此使用如下方法。在基座静止和基座旋转的稳定状态下分离出 1000s 长的没有人为干预的数据区域($\{u_i\}_{i=1,N}$, $N = 1000f$),并计算数学期望和均方根差:

$$\mu = \frac{1}{N} \sum_{i=1}^{N} u_i, \quad \sigma = \sqrt{\frac{1}{N} \sum_{i=1}^{N} (u_i - \mu)^2} \qquad (4.39)$$

对于上述陀螺工作方式,有

$\mu_{u_0} = 2.479\text{V}, \sigma_{u_0} = 4.150\text{mV}$,

$\mu_{u_{500}} = 3.466\text{V}, \sigma_{u_{500}} = 4.085\text{mV}$。

123

那么标度因数值为

$$K = \frac{\mu_{u_{500}} - \mu_{u_0}}{\Omega} = 1.973 \text{mV/}\degree/\text{s} \tag{4.40}$$

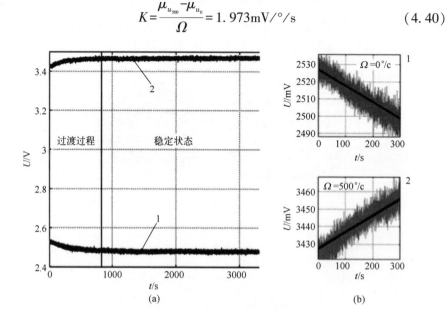

(a)   (b)

图 4.26　微型固体波动陀螺的输出信号

（a）基座不同状态时；（b）启动时的过渡过程。

1—基座静止；2—基座以角速率 500°/s 旋转。

图 4.27 为基座静止（$\Omega = 0°/\text{s}$）和旋转时（$\Omega = 500°/\text{s}$）测得的角速率曲线（$\{\Omega_0\}_{i=1,N}$，$\{\Omega_{500}\}_{i=1,N}$，$N = 1000f$）。这时假设：

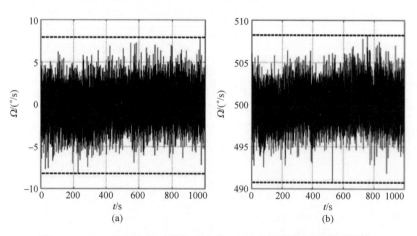

(a)   (b)

图 4.27　（a）基座静止时的角速率值；（b）基座旋转时的角速率值。

$$\Omega_0 = \frac{u_0 - \mu_{u_0}}{K}, \qquad \Omega_{500} = \frac{u_{500} - \mu_{u_0}}{K} \tag{4.41}$$

统计参数值如下：

$$\mu_{\Omega_0} = -9.8494248687 \times 10^{-12}\,{}^{\circ}/\text{s}, \qquad \sigma_{\Omega_0} = 3.25144\,{}^{\circ}/\text{s},$$
$$\mu_{\Omega_{500}} = 499.999999999998\,{}^{\circ}/\text{s}, \qquad \sigma_{\Omega_{500}} = 2.07002\,{}^{\circ}/\text{s}$$

对于所研究的时间序列来说，角速率值的波动范围为

$$R_{\Omega_0} = \Omega_{0_{\max}} - \Omega_{0_{\min}} = 16.16\,{}^{\circ}/\text{s}$$
$$R_{\Omega_{500}} = \Omega_{500_{\max}} - \Omega_{500_{\min}} = 17.53\,{}^{\circ}/\text{s}$$

图 4.28 为所研究信号的 Allan 方差曲线，通过计算测试数据的时间分布情况可以确定各种噪声指标。

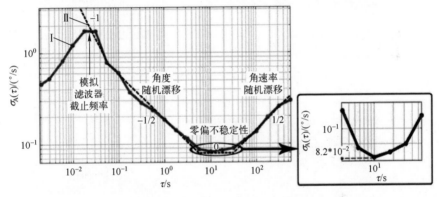

图 4.28　基座静止状态下微型固体波动陀螺信号的 Allan 方差

那么，当 $\tau = 1$ 时，图 4.28 中表示出角度随机游走的量值，它为 $0.1846\,{}^{\circ}/\text{s}/\sqrt{\text{Hz}}$。

实际上选取图 4.28 中的最小值作为零偏不稳定性指标，它等于 $0.0818\,{}^{\circ}/\text{s}$。

图 4.29 显示了陀螺的原始输出信号和经过高通滤波器、带通滤波器和低通滤波器后的数据。

对于 Allan 方差曲线各区域的截止频率，可以得到以下关系：

高通滤波器适用于白噪声：

$f_c = 0.17784\,\text{Hz}; \mu_{\Omega_0} = 0.00016834\,{}^{\circ}/\text{s}; \sigma_{\Omega_0} = 1.9097\,{}^{\circ}/\text{s}$。

带通滤波器适用于闪烁噪声：

$f_{c1} = 0.05623\,\text{Hz}; f_{c2} = 0.17784\,\text{Hz}; \mu_{\Omega_0} = -0.00010737\,{}^{\circ}/\text{s}; \sigma_{\Omega_0} = 0.62513\,{}^{\circ}/\text{s}$。

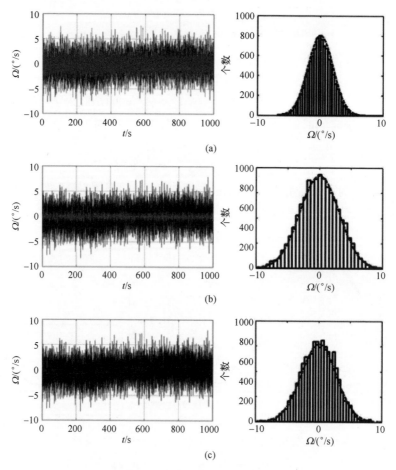

图 4.29 通过各滤波器信号处理后的分布图

(a) 高通滤波器;(b) 带通滤波器;(c) 低通滤波器

低通滤波器适用于角速率随机漂移的低频噪声:

$f_c = 0.05623\text{Hz}; \mu_{\Omega_0} = -0.0005215°/\text{s}; \sigma_{\Omega_0} = 0.53229°/\text{s}$。

从图 4.29(a)中可以看出,高频噪声区域(白噪声)具有和信号本身大小相当的幅值。

传感器转动时输出信号的特性会变差。图 4.30 展示了角速度为 500°/s 时的情况,这些也反映在信号误差变大和角速度低频噪声分量增大。

也就是说,Allan 方差法可以用来分析陀螺在测试过程中的性能并找到误差源。

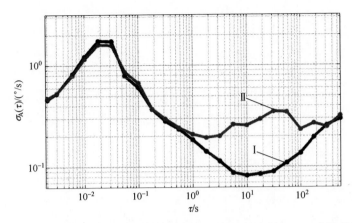

图 4.30　静态(Ⅰ)和基座旋转角速度为 500°/s(Ⅱ)时的 Allan 方差曲线

附录 皮尔逊分布

附表 1 皮尔逊分布 $\chi^2_{\alpha,\beta}$

β	0.01	0.05	0.1	0.2	0.3	0.4	0.5	0.6	0.7	0.8	0.9	0.95	0.99
1	0.0002	0.0039	0.0158	0.0642	0.1485	0.2750	0.4549	0.7083	1.0742	1.6424	2.7055	3.8415	6.6349
2	0.0201	0.1026	0.2107	0.4463	0.7133	1.0217	1.3863	1.8326	2.4079	3.2189	4.6052	5.9915	9.2103
3	0.1148	0.3518	0.5844	1.0052	1.4237	1.8692	2.3660	2.9462	3.6649	4.6416	6.2514	7.8147	11.3449
4	0.2971	0.7107	1.0636	1.6488	2.1947	2.7528	3.3567	4.0446	4.8784	5.9886	7.7794	9.4877	13.2767
5	0.5543	1.1455	1.6103	2.3425	2.9999	3.6555	4.3515	5.1319	6.0644	7.2893	9.2364	11.0705	15.0863
6	0.8721	1.6354	2.2041	3.0701	3.8276	4.5702	5.3481	6.2108	7.2311	8.5581	10.6446	12.5916	16.8119
7	1.2390	2.1673	2.8331	3.8223	4.6713	5.4932	6.3458	7.2832	8.3834	9.8032	12.0170	14.0671	18.4753
8	1.6465	2.7326	3.4895	4.5936	5.5274	6.4226	7.3441	8.3505	9.5245	11.0301	13.3616	15.5073	20.0902
9	2.0879	3.3251	4.1682	5.3801	6.3933	7.3570	8.3428	9.4136	10.6564	12.2421	14.6837	16.9190	21.6660
10	2.5582	3.9403	4.8652	6.1791	7.2672	8.2955	9.3418	10.4732	11.7807	13.4420	15.9872	18.3070	23.2093
11	3.0535	4.5748	5.5778	6.9887	8.1479	9.2373	10.3410	11.5298	12.8987	14.6314	17.2750	19.6751	24.7250
12	3.5706	5.2260	6.3830	7.8038	9.0343	10.1820	11.3403	12.5838	14.0111	15.8120	18.5493	21.0261	26.2170
13	4.1069	5.8919	7.0415	8.6339	9.9257	11.1291	12.3398	13.6356	15.1187	16.9848	19.8119	22.3620	27.6882
14	4.6604	6.5706	7.7895	9.4673	10.8215	12.0785	13.3393	14.6853	16.2221	18.1508	21.0641	23.6848	29.1412
15	5.2293	7.2609	8.5468	10.3070	11.7212	13.0297	14.3389	15.7332	17.3217	19.3107	22.3071	24.9958	30.5779
16	5.8122	7.9616	9.3122	11.1521	12.6243	13.9827	15.3385	16.7795	18.4179	20.4651	23.5418	26.2962	31.9999
17	6.4078	8.6718	10.0852	12.0023	13.5307	14.9373	16.3382	17.8244	19.5110	21.6146	24.7690	27.5871	33.4087
18	7.0149	9.3905	10.8649	12.8570	14.4399	15.8932	17.3379	18.8679	20.6014	22.7595	25.9894	28.8693	34.8053
19	7.6327	10.1170	11.6509	13.7158	15.3517	16.8504	18.3377	19.9102	21.6891	23.9004	27.2036	30.1435	36.1909
20	8.2604	10.8508	12.4426	14.5784	16.2659	17.8088	19.3374	20.9514	22.7745	25.0375	28.4120	31.4104	37.5662
21	8.8972	11.5913	12.2396	15.4446	17.1823	18.7683	20.3372	21.9915	23.8578	26.1711	29.6151	32.6706	38.9322
22	9.5425	12.3380	14.0415	16.3140	18.1007	19.7288	21.3370	23.0307	24.9390	27.3015	30.8133	33.9244	40.2894
23	10.1957	13.0905	14.8480	17.1865	19.0211	20.6902	22.3369	24.0689	26.0184	28.4288	32.0069	35.1725	41.6384
24	10.8564	13.8484	15.6587	18.0618	19.9432	21.6525	23.3367	25.1063	27.0960	29.5533	33.1962	36.4150	42.9798

β	0.01	0.05	0.1	0.2	0.3	0.4	0.5	0.6	0.7	0.8	0.9	0.95	0.99
25	11.5240	14.6114	16.4734	18.9398	20.8670	22.6156	24.3366	26.1430	28.1719	30.6752	34.3816	37.6525	44.3141
26	12.1981	15.3792	17.2919	19.8202	21.7924	23.5794	25.3365	27.1789	29.2463	31.7946	35.5632	38.8851	45.6417
27	12.8785	16.1514	18.1139	20.7030	22.7192	24.5440	26.3363	28.2141	30.3193	32.9117	36.7412	40.1133	46.9629
28	13.5647	16.9279	18.9392	21.5880	23.6475	25.5093	27.3362	29.2486	31.3909	34.0266	37.9159	41.3371	48.2782
29	14.2565	17.7084	19.7677	22.4751	24.5770	26.4751	28.3361	30.2825	32.4612	35.1394	39.0875	42.5570	49.5879
30	14.9535	18.4927	20.5992	23.3641	25.5078	27.4416	29.3360	31.3159	33.5302	36.2502	40.2560	43.7730	50.8922
31	15.6555	19.2806	21.4336	24.2551	26.4397	28.4087	30.3359	32.3486	34.5981	37.3591	41.4217	44.9853	52.1914
32	16.3622	20.0719	22.2706	25.1478	27.3728	29.3763	31.3359	33.3809	35.6649	38.4663	42.5847	46.1943	53.4858
33	17.0735	20.8665	23.1102	26.0422	28.3069	30.3444	32.3358	34.4126	36.7307	39.5718	43.7452	47.3999	54.7755
34	17.7891	21.6643	23.9523	26.9383	29.2421	31.3130	33.3357	35.4438	37.7954	40.6756	44.9032	48.6024	56.0609
35	18.5089	22.4650	24.7967	27.8359	30.1782	32.2821	34.3356	36.4746	38.8591	41.7780	46.0588	49.8018	57.3421
36	19.2327	23.2686	25.6433	28.7350	31.1152	33.2517	35.3356	37.5049	39.9220	42.8788	47.2122	50.9985	58.6192
37	19.9602	24.0749	26.4921	29.6355	32.0532	34.2216	36.3355	38.5348	40.9839	43.9782	48.3634	52.1923	59.8925
38	20.6914	24.8839	27.3430	30.5373	32.9919	35.1920	37.3355	39.5643	42.0451	45.0763	49.5126	53.3835	61.1621
39	21.4262	25.6954	28.1958	31.4405	33.9315	36.1628	38.3354	40.5935	43.1053	46.1730	50.6598	54.5722	62.4281
40	22.1643	26.5093	29.0505	32.3450	34.8719	37.1340	39.3353	41.6222	44.1649	47.2685	51.8051	55.7585	63.6907
41	22.9056	27.3256	29.9071	33.2506	35.8131	38.1055	40.3353	42.6506	45.2236	48.3628	52.9485	56.9424	64.9501
42	23.6501	28.1440	30.7654	34.1574	36.7550	39.0774	41.3352	43.6786	46.2817	49.4560	54.0902	58.1240	66.2062
43	24.3976	28.9647	31.6255	35.0653	37.6975	40.0496	42.3352	44.7063	47.3390	50.5480	55.2302	59.3035	67.4593
44	25.1480	29.7875	32.4871	35.9743	38.6408	41.0222	43.3352	45.7336	48.3957	51.6389	56.3685	60.4809	68.7095
45	25.9013	30.6123	33.3504	36.8844	39.5847	41.9950	44.3351	46.7607	49.4517	52.7288	57.5053	61.6562	69.9568
46	26.6572	31.4390	34.2152	37.7955	40.5292	42.9682	45.3351	47.7874	50.5071	53.8177	58.6405	62.8296	71.2014
47	27.4158	32.2676	35.0814	38.7075	41.4744	43.9417	46.3350	48.8139	51.5619	54.9056	59.7743	64.0011	72.4433
48	28.1770	33.0981	35.9491	39.6205	42.4201	44.9154	47.3350	49.8401	52.6161	55.9926	60.9066	65.1708	73.6826
49	28.9406	33.9303	36.8182	40.5344	43.3664	45.8895	48.3350	50.8660	53.6697	57.0786	62.0375	66.3386	74.9195
50	29.7067	34.7643	37.6886	41.4492	44.3133	46.8638	49.3349	51.8916	54.7228	58.1638	63.1671	67.5048	76.1539

结 束 语

编写本书,旨在引起工程技术专家、研究生和高校学生对这一颇具前景仪表的关注,并以较通俗的方式阐述该领域的物理原理、主要技术和理论问题以及解决方法。作者从事该陀螺研制已逾 25 年,认为有必要综合利用先进的机械和化学技术、微电路成果以及先进的信号处理及过程仿真数学方法对该类陀螺进行研发设计,并力图在编写本书时能实现这一目标。受篇幅所限,本书无法详细描述所有的技术和理论问题,况且现代技术的飞速发展又提供了很多全新的解决方案,所以作者在本书中只对关键的理论和技术进行了阐述,感兴趣的读者可以在参考文献中找到需要的细节。

亲爱的读者,如果这本书能让您重新关注固体波动陀螺,或者促进该领域研究工作的开展,那么就实现了作者的初衷。

参 考 文 献

专 著

［1］ *Альтах О. Л. ,Саркисов П. Д.* Шлифование и полирование стекла и стеклоизделий. −М. :Высшая школа,1988.

［2］ *Ардамацкий А. Л.* Алмазная обработка оптических деталей. −Л. :Машиностроение,1978.

［3］ *Басараб М. А. , Кравченко В. Ф. , Матвеев В. А.* Математическое моделирование физических процессов в гироскопии. −М. :Радиотехника,2005.

［4］ *Басараб М. А. , Кравченко В. Ф. , Матвеев В. А.* Методы моделирования и цифровой обработки сигналов в гироскопии. −М. :Физматлит,2007.

［5］ *Брагинский В. Б. , Митрофанов В. П. , Панов В. И.* Системы с малой диссипацией. − М. : Наука,1981.

［6］ *Винокуров В. М.* Исследование процесса полировки стекла. −М. :Машиностроение,1967.

［7］ *Грабченко А. И.* Расширение технологических возможностей алмазного шлифования. −Харьков: Изд−во харьковского государственного университета,1985.

［8］ *Данилин Б. С. ,Сырчин В. К.* Магнетронные распылительные системы. −М. :Радио и связь,1982.

［9］ *Джашитов В. Э. , Панкратов В. М. , Голиков А. В.* Общая и прикладная теория гироскопов с применением компьютерных технологий / Под ред. В. Г. Пешехонова. −СПб. : ГНЦ РФ ОАО 《Концерн ЦНИИ《Электроприбор》,2010.

［10］ *Джашитов В. Э. ,Панкратов В. М.* Математические модели теплового дрейфа гироскопических датчиков инерциальных систем. −СПб. :Изд−во ЦНИИ Электроприбор,2001.

［11］ *Джашитов В. Э. ,Панкратов В. М.* Датчики,приборы и системы авиакосмического и морского приборостроения в условиях тепловых воздействий / Под ред. В. Г. Пешехонова. −С. −Пб. : Изд−во ЦНИИ Электроприбор,2005.

［12］ *Журавлев В. Ф. ,Климов Д. М.* Волновой твердотельный гироскоп. −М. :Наука,1985.

［13］ *Кардашов Д. А. ,Петрова А. П.* Полимерные клеи. −М. :Химия,1983.

［14］ *Копейкин В. А. ,Петрова А. П. ,Рашкован И. Л.* Материалы на основе металлофосфатов. −М. : Химия,1976.

［15］ *Леко В. К. ,Мазурин О. В.* Свойства кварцевого стекла. −Л. :Наука,1985.

［16］ *Лунин Б. С.* Физико−химические основы разработки полусферических резонаторов волновых твердотельных гироскопов. −Москва:Изд−во МАИ,2005.

［17］ *Матвеев В. А. , Липатников В. И. , Алехин А. В.* Проектирование волнового твердотельного гироскопа. −М. :Изд−во МГТУ им. Н. Э. Баумана,1997.

［18］ *Матвеев В. А. ,Лунин Б. С. ,Басараб М. А.* Навигационные системы на волновых твердотельных гироскопах. −М. : Физматлит, 2008.

[19] *Матвеев В. В. , Распопов В. Я.* Основы построения бесплатформенных инерциальных навигационных систем. −СПб. : ГНЦ РФ ОАО 《Концерн ЦНИИ 《Электроприбор》, 2009.

[20] *Матвеев В. А.* Гироскоп−это просто. −М. : Изд-во МГТУ им. Н. Э. Баумана, 2012.

[21] *Меркурьев И. В. , Подалков В. В.* Динамика микромеханического и волнового твердотельного гироскопов. −М. : Физматлит, 2009.

[22] *Никольский С. М.* Курс математического анализа. −Т. 2. М. : Наука, 1991.

[23] Ориентация и навигация подвижных объектов: современные информационные технологии / *Под ред. Б. С. Алешина, К. К. Веремеенко, А. И. Черноморского.* −М. : Физматлит, 2006.

[24] *Петрова А. П.* Клеящие материалы. Справочник. −М. : К и Р. , 2002.

[25] *Распопов В. Я.* Микромеханические приборы: учебное пособие. −М. : Машиностроение, 2007.

[26] *Северов Л. А.* Механика гироскопических систем. −М. : Изд-во МАИ, 1996.

[27] *Стрэтт Дж. В.* (лорд Рэлей) Теория звука. Т. 1. −М. : ГИТТЛ, 1955.

[28] *Тимошенко С. П. , Янг Д. Х. , Уивер У.* Колебания в инженерном деле. − М. : Машиностроение, 1985.

[29] *Фрейдин А. С.* Прочность и долговечность клеевых соединений. −М. : Химия, 1981.

[30] *Харитонов Н. П. , Веселов П. А. , Кузинец А. С.* Вакуумплотные композиционные материалы на основе полиорганосилоксанов. −Л. : Наука, 1976.

[31] *Ходаков Г. С. , Кудрявцева Н. Л.* Физико − химические процессы полирования оптического стекла. −М. : Машиностроение, 1985.

[32] *Хрульков В. А.* Алмазные инструменты в прецизионном приборостроении. − М. : Машиностроение, 1977.

[33] *Худобин Л. В.* Смазочно − охлаждающие средства, применяемые при шлифовании. − М. : Машиностроение, 1971.

[34] *Шестов С. А.* Гироскоп на земле, в небесах и на море. −М. : Знание, 1989.

[35] *Crank J.* The mathematics of diffusion. − Oxford: Clarendon Press, 1975.

[36] *Egarmin N. E. , Yurin V. E.* Introduction to the theory of vibratory gyroscopes. − Moscow: Binom Co. , 1993.

[37] *Roth A.* Vacuum Technology. −Amsterdam: Elsevier, Science Publishers B. V. , 1990.

[38] *Shields J.* Adhesives Handbook. −3rd ed. −Butterworth, 1984.

论文、报告、学位论文

[39] *Ачильдиев В. М. , Басараб М. А. , Лунин Б. С. , Матвеев В. А.* Особенности применения волновых твердотельных гироскопов в бесплатформенной инерциальной навигационной системе беспилотных летательных аппаратов. //Тезисы докладов научно−технической конференции 《Системы управления беспилотными космическими и атмосферными летательными аппаратами》. −М. : МОКБ 《Марс》, 2010, с. 6062.

[40] *Ачильдиев В. М. , Басараб М. А. Бедро Н. А. и др.* Методы первичной цифровой обработки сигналов микромеханического волнового твердотельного гироскопа//Информационно − измерительные и управляющие системы. 2011. Т. 9. № 2. С. 3955.

132

[41] *Басараб М. А.*, *Матвеев В. А.* Идентификация осей жесткости и величины расщепления частоты неидеального упругого кольца//Информационно-измерительные и управляющие системы. – 2005. –Т. 3. –№ 45. –С. 95–103.

[42] *Басараб М. А.*, *Карапетян Д. Р.* Глобальные оптимизационные алгоритмы балансировки резонатора волнового твердотельного гироскопа//Электромагнитные волны и электронные системы. 2007. –Т. 12. –№11. –С. 815.

[43] *Басараб М. А.*, *Ивойлов М. А.* Балансировка волнового твердотельного гироскопа с помощью нейронных сетей Хопфилда//Тезисы докладов XIV Всероссийской научно-технической конференции 《Нейроинформатика–2012》, Москва, 23–27 января 2012 г.

[44] *Басараб М. А.*, *Кравченко В. Ф.*, *Матвеев В. А.*, *Пустовойт В. И.* Атомарные функции в задаче определения функций Рэлея и коэффициента прецессии резонатора волнового твердотельного гироскопа//Доклады РАН. –2001. –Т. 376, № 4. –С. 474–479.

[45] *Басараб М. А.*, *Матвеев В. А.* Численное моделирование тепловых полей в резонаторе волнового твердотельного гироскопа с использованием метода R-функций//Электромагнитные волны и электронные системы. –2002. –Т. 7. –№8. –С. 26–37.

[46] *Батов И. В.*, *Бодунов Б. П.*, *Данчевская М. Н.*, *Лопатин В. М.*, *Лунин Б. С.*, *Филатов В. В.*, *Шаталов М. Ю.*, *Юрин В. Е.* Прецессия упругих волн во вращающемся теле. Изв. АН СССР. Механика твердого тела. –1992. –№4. –С. 3–6.

[47] *Беднова Е. В.* Математические модели температурных погрешностей полусферического резонатора как элемента измерителя угловой скорости. Дис. ⋯ канд. физ.-мат. наук. –Москва, 2002.

[48] *Белкин А. А.* Разработка технологии и оборудования для балансировки полусферического резонатора волнового твердотельного гироскопа лазерным излучением. Дис. ⋯ канд. техн. наук. –Москва, 2000.

[49] *Боганов А. Г.*, *Руденко В. С.*, *Семов М. П.* Модифицированная система для получения кварцевого стекла с высокой прозрачностью в УФ, видимой и близкой ИК областях спектра// Сб. : Получение веществ для волоконной оптики. // Горький: Изд-во Горьковского ун-та, 1980. С. 82–84.

[50] *Бодунов С. Б.* Математические модели и алгоритмы функционирования инклинометра забойной телеметрической системы на базе твердотельного волнового гироскопа. Дис. ⋯ канд. техн. наук. –Москва, 2003.

[51] *Бонштедт А. В.*, *Зайцев В. А.*, *Мачехин П. К.*, *Тонков Е. Л.* Оптимизация управления твердотельным волновым гироскопом//Вестник Удмуртского университета. – 2005. – №1. –С. 189214.

[52] *Бонштедт А. В.*, *Кузьмин С. В.*, *Мачехин П. К.* Восьмиточечная модель твердотельного волнового гироскопа//Вестник Удмуртского университета. –2007. –№1. –С. 135214.

[53] *Боярина М. Ф.* Сорбционные характеристики пористых нераспыляемых газопоглотителей СПН //Электронная техника. Сер. 1. Электроника СВЧ. 1970. №11. С. 124–132.

[54] *Быков Д. В.*, *Вислоух В. Е.*, *Глебов Г. Д.*, *Шугалей О. И.* Низкотемпературный геттер //Вопросы атомной науки и техники. Сер. Общая и ядерная физика. 1978. №4. С. 43–45.

[55] *Варшал Б. Г. , Калмановская М. А.* Стеклокристаллические цементы и их применение для спаивания деталей оболочек электровакуумных приборов //Электронная техника. Серия 10. Технология и организация производства. 1966. Вып. 9. С. 223–238.

[56] *Воробьев В. А. , И. В. Меркурьев И. В. , Подалков В. В.* Погрешности волнового твердотельного гироскопа при учете нелинейности колебаний резонатора. //Гироскопия и навигация, №1, т. 48, 2005. С. 15–21.

[57] *Гуров А. А.* Анаэробные герметизирующие материалы « Анатерм »//Клеи. Герметики. Технологии. 2004. №5. С. 14–17.

[58] *Джанджгава Г. И. , Бабиченко А. В. , Требухов А. В. , Некрасов А. В.* Нейросетевой алгоритм калибровки волнового твердотельного гироскопа//Инженерная физика, №9, 2010.

[59] *Джанджгава Г. И. , Бахонин К. А. , Виноградов Г. М. , Требухов А. В.* Бесплатформенная инерциальная навигационная система на базе твердотельного волнового гироскопа// Гироскопия и навигация. 2008. №1. С. 22–32.

[60] *Джашитов В. Э. , Панкратов В. М. , Барулина М. А.* Температурные и технологические погрешности волновых твердотельных гироскопов//Гироскопия и навигация. – 2010. – Т. 68. –№1. –С. 47–62.

[61] *Джашитов В. Э. , Панкратов В. М. , Голиков А. В.* Анализ и управление температурными полями волнового твердотельного датчика инерциальной информации//Мехатроника, автоматизация, управление. –2010. –№. 4 (109) – С. 62–68.

[62] *Дзама М. А. , Егармин Н. Е.* Прецессия упругих волн при вращении некоторых классов осесимметричных оболочек//Изв. АН СССР. Механика твердого тела. – 1991. – № 1. – С. 170–175.

[63] *Донник А. С.* Влияние геометрической неоднородности и упругой анизотропии материала на точностные характеристики волнового твердотельного гироскопа. Дис. . . . канд. техн. наук. –Москва, 2006.

[64] *Егармин Н. Е.* О прецессии стоячих волн колебаний вращающейся осесимметричной оболочки//Изв. АН СССР. Механика твердого тела. –1986. –№ 1. –С. 142–148.

[65] *Егармин Н. Е.* Динамика неидеальной оболочки и управление ее колебаниями. //Изв. РАН. Механика твердого тела. –1993. –№4. –С. 4959.

[66] *Жбанов Ю. К. , Журавлев В. Ф.* О балансировке волнового твердотельного гироскопа//Изв. РАН. Механика твердого тела. –1998. –№4. –С. 416.

[67] *Жбанов Ю. К. , Каленова Н. В.* Поверхностный дебаланс волнового твердотельного гироскопа// Изв. РАН. Механика твердого тела. –2001. –№3. –С. 11–18.

[68] *Журавлев В. Ф. , Климов Д. М.* О динамических эффектах в упругом вращающемся кольце// Изв. АН СССР. Механика твердого тела. –1983. –№ 5. –С. 17–23.

[69] *Журавлев В. Ф. , Попов А. Л.* О прецессии собственной формы колебаний сферической оболочки при ее вращении//Изв. АН СССР. Механика твердого тела. –1985. –№ 1. –С. 147–151.

[70] *Журавлев В. Ф.* Теоретические основы волнового твердотельного гироскопа (ВТГ)//Изв. РАН. Механика твердого тела. 1993. –№ 3. –С. 6–19.

[71] *Журавлев В. Ф. , Линч Д. Д.* Электрическая модель волнового твердотельного гироскопа//

134

Известия РАН. Механика твердого тела. –1995. –№5. –С. 12–24.

[72] *Журавлев В. Ф.* Управляемый маятник Фуко как модель одного класса свободных гироскопов// Изв. РАН. Механика твердого тела. –1997. –№6. –С. 2735.

[73] *Збруцкий А. В.* , *Минаев Ю. К.* Влияние неперпендикулярности оси полусферического резонатора к плоскости закрепления на точностные характеристики твердотельного волнового гироскопа//Гироскопия и навигация. 1999. Т. 24. № 1. С. 106–111.

[74] *Землянский В. С.* Поляризационно – оптические методы диагностики физико – химического состояния поверхности оптических элементов из силикатных стекол//Дис. ⋯ канд. техн. наук. –С–Петербург. 2009.

[75] *Зинер К.* Упругость и неупругость металлов//Вонсовский С. В. Упругость и неупругость металлов. –М. , 1954. –С. 9–168.

[76] *Ивченко Н. К.* Расчет клеевых соединений приборных конструкций. Дис. ⋯ докт. техн. наук. Тверь. 1999.

[77] *Киреенков А. А.* Алгоритм расчета собственной частоты волнового твердотельного гироскопа (ВТГ)//Изв. РАН. Механика твердого тела. –1997. –№3. –С. 3–9.

[78] *Киреенков А. А.* Расчет спектра полусферы на ножке//Изв. РАН. Механика твердого тела. – 1998. –№4. –С. 23–29.

[79] *Киселев А. В.* , *Лыгин В. И.* Применение инфракрасной спектроскопии для исследования строения поверхностных химических соединений и адсорбции //Успехи химии. 1962. Т. 31. №3. С. 351–384.

[80] *Коган В. С.* , *Шулаев В. М.* Адсорбционно–диффузионные вакуумные насосы (вакуумные насосы с нераспыляемым геттером). Обзор. М. :ЦНИИатоминформ. 1990. 67 с.

[81] *Корякова З.* , *Битт В.* Легкоплавкие стекла с определенным комплексом физико–механических свойств //Компоненты и технологии. 2004. №5. С. 126–128.

[82] *Кривченко Т.* DSP56F800 компании MOTOROLA: новые идеи объединения DSP и MCU // Компоненты и технологии. 2002. №3. С. 88–91.

[83] *Куковякин В. М.* , *Скорый И. А.* Оценка напряженности клеевых цилиндрических соединений // Вестник машиностроения. 1972. №4. С. 41–44.

[84] *Кучерков С. Г.* Определение необходимой степени вакуумирования рабочей полости осциллятора микромеханического гироскопа //Гироскопия и навигация. 2002. №1. С. 52–56.

[85] *Левинок В. Е.* Бездеформационное склеивание кварца с инваром //Оптический журнал. 1995. №10. С. 69–72.

[86] *Лукина Н. Ф.* , *Петрова А. П.* Свойства и применение клеев в приборной технике // Клеи. Герметики. Технологии. 2005. №11. С. 11–15.

[87] *Лунин Б. С.* , *Данчевская М. Н.* Волновой твердотельный гироскоп//Конверсия. –1994. –№6. –С. 24–26.

[88] *Лунин Б. С.* Научно – технологические основы разработки полусферических резонаторов волновых твердотельных гироскопов//Дисс⋯ докт. техн. наук. –2006.

[89] *Лунин Б. С.* , *Харланов А. Н.* Релаксация структуры кварцевого стекла КУ – 1 при отжиге // Вестн. Моск. Ун–та. Серия 2. Химия. 2011. Т. 52. №6. С. 403–405.

[90] *Лунин Б. С. , Харланов А. Н. , Козлов С. Е.* Дегидроксилирование и образование дефектов поверхности кварцевого стекла КУ – 1 при отжиге//Вестн. Моск. Ун – та. Серия 2. Химия. 2010. Т. 51. №1. С. 43–47.

[91] *Лунин Б. С. , Захарян Р. А.* Применение клеев для сборки вакуумных электронно – механических приборов. М. :2013. 24 с. Деп. ВИНИТИ 18. 01. 2013. №18–В2013.

[92] *Матвеев В. А. , Басараб М. А. , Ивойлов М. А.* Генетические алгоритмы балансировки миниатюрного волнового твердотельного гироскопа. //Труды Девятого Международного Симпозиума 《Интеллектуальные системы》 INTELS' 2010, Россия, Владимир, 28 июня–2 июля 2010г. , с. 516519.

[93] *Матвеев В. А. , Нарайкин О. С. , Иванов И. П.* Расчет полусферического резонатора на ЭВМ// Изв. АН СССР. Машиностроение. –1987. –№ 7. –С. 6–9.

[94] *Матвеев В. А. , Кравченко В. Ф. , Басараб М. А.* Численное моделирование динамических процессов в упругом кольце с помощью сплайн – аппроксимации//Dynamical Systems Modeling and Stability Investigation (DSMSI' 2001) , Thesis of Conference Reports, May 22–25, 2001, Kiev.

[95] *Матвеев В. А. , Басараб М. А.* Приближение атомарными функциями и численное решение краевых задач динамики резонатора волнового твердотельного гироскопа//Материалы Всероссийской научно–технической конференции "Приборы и приборные системы", 2627/10, 2001. –Тула:ТГУ. –С. 34–42.

[96] *Маханов В. И.* Сорбционная активность высокопористого титана//Обзоры по электронной технике. Сер. Электроника СВЧ. 1987. №3. С. 58–62.

[97] *Некрасов А. В.* Нейросетевой алгоритм калибровки волнового твердотельного гироскопа. Дис. ⋯ канд. техн. наук. –Москва, 2010.

[98] *Омельчук С.* Досліджуння перехідних процесів коливань біморфного п'єзокерамічного стержня та циліндрично ї п'єзокерамічно їоболонки як типовых елементів хвильового гіроскопа, Матер іалили міжн. наук. конф. 《Сучасні проблеми механіки і математики》, 25–28/05, 1998, ІППММ, Львов, с. 71.

[99] *Пекарскас В. – П. В. , Раяцкас В. Л.* Прогнозирование долговечности клеевых соединений под нагрузкой методом температурно – временной аналогии//Механика полимеров. 1974. №5. С. 937–940.

[100] *Подалков В. В.* Погрешности волнового твердотельного гироскопа, вызванные нелинейными деформациями резонатора//Гироскопия и навигация. 1999. Т. 24. № 1. С. 111–115.

[101] *Постников В. С. , Золотухин И. В. , Белоногов В. К.* Затухание механических колебаний в пленках меди и алюминия, полученных конденсацией в вакууме//Физика металлов и металловедение. 1968. Т. 26. Вып. 5. С. 957–959.

[102] *Постников В. С. , Золотухин И. В. , Милошенко В. Е.* Внутреннее трение в поликристаллических конденсатах меди, никеля, алюминия и серебра в интервале 4, 2 – 77К//Физика металлов и металловедение. 1972. Т. 33. Вып. 1. С. 210–212.

[103] *Сарапулов С. А. , Киселенко С. П.* Влияние маятниковых колебаний на точность твердотельного волнового гироскопа//Механика гироскопических систем. –1991. –№10. –С. 5053.

[104] *Сарапулов С. А. , Киселенко С. П. , Иосифов А. О.* Влияние вращения на динамику неидеального

136

полусферического резонатора//Механика гироскопических систем. −1993. −№12. −С. 5966.

[105] *Смирнов А. Л.* Колебания вращающихся оболочек вращения//Сб. 《Прикладная механика》, вып. 5. −Л. :Изд-во ЛГУ,1981. −С. 176186.

[106] *Товстик П. Е.* Низкочастотные колебания выпуклой оболочки вращения//Изв. АН СССР. Механика твердого тела. −1975. −№6. −С. 110−116.

[107] *Улітко I.* Гармонічні коливання та поширення хвиль в пружному шарі і півпросторі, що знаходяться в обертовому русі, Матеріали міжн. наук. конф. 《Сучасні проблеми механіки і математики》,25−28/05,1998,IППММ,Львов,с. 70.

[108] *Чиковани В. В.* , *Маляров С. П.* Методика и расчет среднего времени наработки на отказ по результатам испытаний кориолисового вибрационного гироскопа//Війського технічний збірнік. −Л. , Академія сухопутних війск ім П. Сайгадачного. 2011. №2(5). С. 119−124.

[109] *Шуб Э. И.* Численное исследование термонапряженного состояния крупногабаритного кварцевого диска в процессе отжига//Физика и химия стекла. 1990. Т. 16. №3. С. 450−457.

[110] *Юрин В. Е.* Устойчивость колебаний волнового твердотельного гироскопа//Изв. РАН. Механика твердого тела. 1993. −№ 3. −С. 20−31.

[111] *Andersson S. B.* , *Krishnaprasad P. S.* The Hannay−Berry Phase of the Vibrating Ring Gyroscope//Technical Research Report CDCSS TR 20042. −University of Maryland.

[112] *Apostolyuk V. A.* Demodulated dynamics and optimal filtering for Coriolis vibratory gyroscopes//Proc. of XVII International Conference on Integrated Navigation Systems (31 May−2 June 2010. St. −Petersburg). −St. −Petersburg:"ElektroPribor". 2010. −P. 57−60.

[113] *Ayazi F.* , *Najafi K.* A HARPSS Polysilicon Vibrating Ring Gyroscope//Journal of Microelectromechanical Systems. −2001. −V. 10. −N. 2. −P. 169179.

[114] *Bryan G. H.* On the beats in the vibrations of a revolving cylinder or bell//Proc. Camb. Phil. Soc. Math. Phys Sci. −1890. −V. 7. −P. 101111.

[115] *Basarab M. A.* , *Matveev V. A.* , *Ivoilov M. A.* Genetic Algorithms for Balancing the Solid−State Wave Gyro//Proc. of the 16th Saint Petersburg International Conference on Integrated Navigation Systems, 2527 May,2009,Saint−Petersburg,Russia. P. 103104.

[116] *Basarab M. A.* , *Ivoilov M. A.* , *Matveev V. A.* Application of the Hopfield Neural Network for Ring Balance Optimization//Information Technology Applications. −2012. −N. 1. −P. 26−35.

[117] *Basarab M. A.* , *Ivoilov M. A.* , *Matveev V. A.* Balancing the solid−state wave gyroscope with the neural network algorithm//Proc. of the 19th Saint Petersburg International Conference on Integrated Navigation Systems,2830 May,2012,Saint−Petersburg,Russia.

[118] *Basarab M. A.* Balance of the hemisphere resonator gyroscope by the neural network algorithm//Abstracts, Int. Conference "Days on Diffraction" (DD' 2012), May 28 − June 1, 2012, St. − Petersburg. P. 2425.

[119] *Basarab M. A.* , *Kravchenko V. F.* , *Matveev V. A.* Numerical Investigation of Dynamic Elastic Processes in the Solid State Wave Gyro by Means of Atomic Functions//Telecommunications and Radio Engineering. −2000. −V. 54,№12. −P. 72−84.

[120] *Basarab M. A.* , *Kravchenko V. F.* , *Matveev V. A.* Atomic Functions in Numerical Solving the Problem of a Determination of the Rayleigh Functions for the Solid State Wave Gyro Resonator//Abstracts, Int.

Seminar "Days on Diffraction" (DD'2001), May 29–31,2001,St. –Petersburg. P. 70–71.

[121] *Basarab M. A. ,Matveev V. A.* Application of the R–functions Method for Modelling Physical Processes in the Solid–State Wave Gyro Resonator//International Anniversary Workshop Solid–State Gyroscopy, Yalta,Crimea,Ukraine,19–21 May,2008. P. 12.

[122] *Basarab M. A.* Solving Problems of Elastic Ring Dynamics by the Generalized Method of Eigenoscillations//Days on Diffraction,St. –Petersburg,June 8–11,2010. P. 17.

[123] *Bodunov B. P. ,Lopatin V. M. ,Lunin B. S. ,Lynch D. D. ,Voros A. R.* Low–cost hemispherical resonator for use in small commercial HRG–based navigation systems//Proc. 4th Int. Conf. on Integrated Navigation Systems. –May 26–28,1997. –Saint–Petersburg–P. 4147.

[124] *Bodunov B. P. , Bodunov S. B. , Lopatin V. M. , Chuprov V. P.* Development and Test of the Hemispherical Resonator Gyro for Use in an Inclinometer System//Proc. 8th International Conference on Integrated Navigation Systems. –May 28–30,2001. –Saint–Petersburg. –P. 7581.

[125] *Boffito C. ,Ferrario B. ,Porta P. ,Rosai L.* A nonevaporable low temperature activable material//Journal of Vacuum Science and Technology. 1981. V. 18,No. 3. P. 1117–1120.

[126] *Branger V. ,Pelosin V. ,Badawi K. F.* Study of the mechanical and microstructural state of platinum thin film//Thin Solid Films. 1996. V. 275. No. 1–2. P. 22–24.

[127] *Bruckner R.* Properties and structure of vitreous silica. I//J. Non – Crystalline Solids. 1970. V. 5. No. 2. P. 123–175.

[128] *Bruckner R.* Properties and structure of vitreous silica. II//J. Non – Crystalline Solids. 1971. V. 5. No. 3. P. 177–216.

[129] *Carre A. ,Rosellini L. ,Prat O.* HRG and North finding//Proc. of XVII International Conference on Integrated Navigation Systems (31 May – 2 June 2010. St. – Petersburg) . – St. – Petersburg:" Elektropribor". 2010. –P. 31–39.

[130] *Chang C. –O. ,Chou C. –S. ,Lai W. –F.* Vibration Analysis of a Three–Dimensional Ring Gyroscope// Bulletin of the College of Engineering,N. T. U. –2004. –N. 91. –P. 6573.

[131] *Chia–Ou Chang,Guo–En Chang,Chan–Shin Chou,Wen–Tien Chang Chien,Po–Chih Chen.* In–plane free vibration of a single–crystal silicon ring//International Journal of Solids and Structures. –2008. – V. 45. –P. 6114–6132.

[132] *Chikovani V. V. ,Yatsenko Yu. A. ,Kovalenko V. A. ,Scherban V. I.* Digitally Controlled High Accuracy Metallic Resonator CVG//Proc. Symposium Gyro Technology. –2006. –Stuttgart. –P. 4. 0–4. 7.

[133] *Chikovani V. V. ,Yatsenko Yu. A. ,Barabashov A. S. ,et al.* Improved accuracy metallic resonator CVG// Proc. of XV International Conference on Integrated Navigation Systems (26–28 May 2008. St. –Petersburg). –St. –Petersburg:" ElektroPribor". 2008. –P. 28–31.

[134] *Chikovani V. V. , Yatsenko Yu. A. , Mikolishin I. T.* Shock and vibration sensistivity test results for metallic resonator CVG//Proc. of XVI International Conference on Integrated Navigation Systems (25– 27 May 2009. St. –Petersburg). –St. –Petersburg:" Elektropribor". 2009. –P. 88–92.

[135] *Chikovani V. V. ,Yatsenko Yu. A. ,Barabashov A. S. ,Kovalenko V. A. ,Scherban V. I. ,Marusyk P. I.* Metallic Resonator CVG Thermophysical Parameter Optimization and Temperature Test Results//Proc. of XIV International Conference on Integrated Navigation Systems (28–30 May 2007. St. –Petersburg). – St. –Petersburg:" Elektropribor". 2007. – P. 74–77.

138

[136] *Chikovani V. V. , Yatsenko Yu. A.* Investigation of azimuth accuracy measurement with metallic resonator Coriolis vibratory gyroscope//Proc. of XVII International Conference on Integrated Navigation Systems (31 May-2 June 2010. St. -Petersburg). -St. -Petersburg:"Elektropribor". 2010. -P. 25-30.

[137] *Chunlei Yu , Basarab M. A. , Qingshuang Zeng.* Application of the Atomic Function in the Field of HRG Dynamics//1st Int. Symp. Systems and Control in Aerospace and Astronautics (ISSCAA), 2006. P. 115117.

[138] *Djandjgava G. I. , Vinogradov G. M. , Lipatnikov V. I.* Development and Testing of Hemispherical Re-sonator Gyroscope//Proc. 5th International Conference on Integrated Navigation Systems. -May 2527, 1998. -Saint-Petersburg. -P. 218-221.

[139] *Dzhandzhgava G. I. , Bakhonin K. A. , Vinogradov G. M. , Trebukhov A. V.* Hemispherical resonance gyro -based strapdown inertial navigation system//Proc. of XIV International Conference on Integrated Navi-gation Systems (28-30 May 2007. St. -Petersburg). -St. -Petersburg:"ElektroPribor". 2007. -P. 116-124.

[140] *Doucette E. J.* The characterization of Ceralloy 400 getter//Vacuum. 1961. V. 11. No. 2. P. 100-108.

[141] *Ferrario B. , Figini A. , Borghi M.* A new generation of porous non-evaporable getters//Vacuum. 1985. V. 35. No. 1. P. 13-18.

[142] *Gaiber A. , Geiger W. , Link T. et al.* New digital readout electronics for capacitive sensors by the exam-ple of micro-machined gyroscopes //Sensors and Actuators A 97-98. 2002. P. 557-562.

[143] *Gavrilenko A. B. , Merkuryev I. V. , Podalkov V. V.* Algorithms for the control of oscillations of the wave solid-state gyroscope resonator//Proc. of XV International Conference on Integrated Navigation Systems (26-28 May 2008. St. -Petersburg). -St. -Petersburg:"Elektropribor". 2008. -P. 34-36.

[144] *Giorgi T. A. , Ferrario B. , Boffito C.* High-porosity coated getter//Journal of Vacuum Science and Tech-nology. 1989. V. 7 , No. 2. P. 218-222.

[145] *Harms U. , Klose F. , Neuhauser H. , Fricke K. , Peiner E. , Schlachetzki A.* Anelastic properties of alu-minium thin films on silicon cantilevers//J. Alloys and Compounds. 2000. V. 310. P. 449-453.

[146] Heraeus Quartz Glass for Optics. Optical Properties. Hanau. Heraeus Quarzglas GmbH , 1994. 6 p.

[147] *Hetherington G. , Jack K. H. , Ramsay M. W.* The high-temperature electrolysis of vitreous silica//Phys. Chem. Glass. 1965. V. 6. No. 1. P. 6-15.

[148] IEEE Recommended Practice for Inertial Sensor Test Equipment , Instrumentation , Data Acquisition and Analysis. IEEE Std 1554-2005.

[149] *Izmailov E. A. , Tchesnokov G. I. , Troizkiy V. A. , Gordasevich A. A.* Highly Reliable , Low-cost , Small-Size Inertial Navigation System//Proc. 2nd International Conference on Gyroscopic Technology and Nav-igation. -May 24-25 , 1995. -Saint-Petersburg. -Part I. -P. 139149.

[150] *Izmailov E. A. , Kolesnik M. M. , Osipov A. M. , Akimov A. V.* Hemispherical Resonator Gyro Technology. Problems and Possible Ways of Their Solutions//Proc. 6th International Conference on Integrated Navi-gation Systems. -May 2426 , 1999. -Saint-Petersburg. -P. 6.

[151] *Jeanroy A. , Featonby P. , Caron J. -M.* Low-cost miniature and accurate IMU with vibrating sensors for tactical applications //10th Saint Petersburg International Conference on Integrated Navigation Systems. Saint Petersburg , May 26-28 , 2003. Proc. P. 286-293.

[152] *Kozlowski M. R. , Carr J. , Hutcheon I. , Torres R. , Sheehan L. , Camp D. , Yan M.* Depth profiling of pol-

139

ishing-induced contamination on fused silica surfaces//Preprint UCRL-JC-128355 (1997).

[153] *Leger P.* QUAPASON-a New Low-cost Vibrating Gyroscope//Proc. 3rd International Conference on Integrated Navigation Systems. -May 28-29,1996. -Saint-Petersburg. -Part I. P. 143-150.

[154] *Lichtman D. ,Hebling A.* Specific gas reactions of Ceralloy 400 getter //Vacuum. 1961. V. 11. No. 2. P. 109-113.

[155] *Loper E. J. ,Lynch D. D.* Projected system performance based on recent HRG test results//IEEE/AIAA 5th Digital Avionics Systems Conf. Seattle. WA October 31 - November 3,1983. Proc. P. 18. 1. 1 - 18. 1. 6.

[156] *Loper E. J. ,Lynch D. D.* Hemispherical resonator gyros report and test results//Proceeding of the National Technical Meetings of Institute of Navigation. -New York,1984. -P. 105-107.

[157] *Loper E. J. ,Lynch D. D. ,Stevenson K. M.* Projected Performance of Smaller Hemispherical Resonator Gyros//Position Location and Navigation Symposium (PLANS'86),November 4-7,1986. -Las Vegas, NV,USA. -Proc. P. 61-64.

[158] *Lunin B. S. ,Shatalov M. Yu.* Balancing of thin-walled metal resonators for low-cost solid-state gyroscopes//Proc. of XV International Conference on Integrated Navigation Systems (26-28 May 2008. St. -Petersburg). -St. -Petersburg:"Elektropribor". 2008. -P. 32-33.

[159] *Lynch D. D.* Hemispherical resonator gyro//IEEE Trans. Aerosp. Electron. System. 1984. -№17. -P. 432-433.

[160] *Lynch D. D.* HRG development at Delco,Litton,and Northrop Grumman//Proc. of Anniversary Workshop on Solid - State Gyroscopy (19 - 21 May 2008. Yalta, Ukraine). - Kyiv - Kharkiv. ATS of Ukraine. 2009.

[161] *Lynch D. D.* Hemispherical Resonator Gyro//EOS Technical Journal. - 1995. - V. 3. - No. 1. - P. 11-22.

[162] *Lynch D. ,Matthews A. ,Varty G. T.* Innovative Mechanizations to Optimize Inertial Sensors for High or Low Rate Operations//Proc. Symposium Gyro Technology. -1997. -Stuttgart,Germany. -P. 9. 09. 21.

[163] *Lynch D. D.* Vibration-induced drift in the hemispherical resonator gyro//Proc. of the Annual Meeting of the Institute of Navigation,23-25 June,1987. -Dayton,Ohio. -P. 34-37.

[164] *Marshall D. B. ,Evans A. G.* Measurement of adherence of residually stressed thin films by indentation. I. Mechanism of interface delamination//J. Appl. Phys. 1984. V. 56. No. 10. P. 2632-2638.

[165] *Martynenko Yu. G. ,Merkuryev I. V. ,Podalkov V. V.* Dynamics of a ring micromechanical gyroscope in a mode of the forced oscillations//Proc. of XVI International Conference on Integrated Navigation Systems (25-27 May 2009. St. -Petersburg). -St. -Petersburg:"Elektropribor". 2009. -P. 73-82.

[166] *Martynenko Yu. G. ,Merkuryev I. V. ,Podalkov V. V.* Calibration of parameters of small viscoelastic anisotropy of the resonator of a wave solid-state gyroscope by the results of bench tests//Proc. of XVII International Conference on Integrated Navigation Systems (31 May-2 June 2010. St. -Petersburg). -St. -Petersburg:"Elektropribor". 2010. -P. 40-47.

[167] *Matthews A. ,Rybak F. J.* Comparison of hemispherical resonator gyro and optical gyros //-IEEE AES Mag. -1992. -V. 7. -No. 5. -P. 4146.

[168] *Matveev,V. A. ,Basarab M. A.* Numerical Modeling of Heat Diffusion Processes in the Solid-state Wave Gyro Resonator by the Rfunction Method//VESTNIK,Journal of the Bauman Moscow State Technical

University, Natural Science and Engineering. -2005. -P. 98110.

[169] *Prieler M. , Bohn H. G. , Schilling W. , Trinkaus H.* Grain boundary sliding in thin substrate-bonded Al films//J. Alloys and Compounds. 1994. V. 211-212. P. 424-427.

[170] *Primak W.* The annealing of vitreous silica//Phys. Chem. Glass. 1983. V. 24. No. 1. P. 8-17.

[171] *Rozelle D. M.* The hemispherical resonator gyro: from wineglass to the planets//Spaceflight Mechanics. 2009, v. 134. AAS09-176.

[172] *Sarapuloff S. A.* 15 Years of solid-state gyrodynamics development in the USSR and Ukraine: results and perspectives of applied theory//Proc. of the National Technical Meeting of Institute of Navigation (Santa Monica, Calif. , USA. January 14-16, 1997). -P. 151-164.

[173] *Sarapuloff S. A. , Lytvynov L. A. , Bakalor T. O.* Particularities of designs and fabrication technology of high-Q sapphire resonators of CRG-1 type solid-state gyroscopes//Proc. of XIV International Conference on Integrated Navigation Systems (28-30 May 2007. St. -Petersburg). -St. -Petersburg:"ElektroPribor". 2007. -P. 47-48.

[174] *Scott V. B.* Delco makes low-cost gyro prototype//Aviation week. -1982. -V. 117. -№17. -P. 64-72.

[175] Silica glass for fiber optics //Russ. Tech. Briefs. Sep/Oct. 1994. P. 13.

[176] *Shatalov M. , Fedotov I. , Joubert S.* On dynamics and control of vibratory gyroscopes with spherical symmetry//Proc. 13th International Conference on Integrated Navigation Systems. -May 2931, 2006. -Saint -Petersburg.

[177] *Shatalov M. , Fedotov I. , Joubert S.* Resonant vibrations and acoustic radiation of rotating spherical structures//Proc. 13th International Congress on Sound and Vibration. -July 26, 2006. -Vienna, Austria.

[178] *Shatalov M. Yu, Lunin B. S.* Vibratory gyroscopes: Identification of Mathematical Model from Test Data//Proc. of XIV International Conference on Integrated Navigation Systems (28-30 May 2007. St. -Petersburg). -St. -Petersburg:"ElektroPribor". 2007. -P. 68-73.

[179] *Shatalov M. Yu. , Lunin B. S.* Influence of Prestress on Dynamics of Hemispherical Resonator Gyroscope//Proc. 6th International Conference on Integrated Navigation Systems. -May 2426, 1999. -Saint-Petersburg. -P. 5.

[180] *Thurner G. , Abermann R.* On the mechanical properties of uhv-deposited Cr films and their dependence on substrate temperature, oxygen pressure and substrate material//Vacuum. 1990. V. 41. No. 4-6. P. 1300-1301.

[181] *Verhoeven J. , Doveren H.* Interactions of residual gases with a barium getter film as measured by AES and XPS//J. Vac. Sci. Technol. 1982. V. 20. No. 1. P. 64-74.

[182] *Verhoeven J. A. Th. , Doveren H.* An XPS investigation of the interaction of CH_4, C_2H_2, C_2H_4 and C_2H_6 with a barium surface//Surface Science. 1982. V. 123. P. 369-383.

[183] *Watson W. S.* Improved Vibratory Gyro Pick-off and Driver Geometry//Proc. Symposium Gyro Technology. -2006. -Stuttgart. -P. 5. 05. 14.

[184] *Weiss G. P. , Smith D. O.* Measurement of internal friction in thin films //Rev. Sci. Instrum. 1963. V. 34. No. 5. P. 522-523.

[185] *Wright D. , Bunke D.* The HRG Applied to a Satellite Attitude Reference System//17th Annual AAS Guidance and Control Conference. February 2-6, 1994. -Keystone, Colorado, USA. -AAS 94-004.

[186] *Yatsenko Yu. A. , Petrenko S. F. , Vovk V. V. , Chikovani V. V.* Technological Aspects of Manufacturing of

141

Compound Hemispherical Resonators for Small – Sized Vibratory Gyroscopes//Proc. 6th International Conference on Integrated Navigation Systems. –May 2426,1999. –Saint–Petersburg. –P. 7.

[187] *Zhang Ting*, *Yu Bo*, *Jiang Chungiao*, *Lunin B. S.* Influence of the Metallic Coating on the Q–factor of the HRG Resonator//Proc. International Symposium on Inertial Navigation Technology and Intelligent Traffic. –October 15–17,2004. –Nanjing. PR China. –A18. P. 1–6.

专 利

[188] *Бодунов Б. П.* , *Лопатин В. М.* , *Лунин Б. С.* Способ балансировки резонаторов волнового твердотельного гироскопа//Патент РФ. 7G01C 19/56. RU 2147117. (1998).

[189] *Измайлов Е. А.* , *Колесник М. М.* , *Усышкин О. Г.* , *Кан С. Г.* , *Измайлов А. Е.* Волновой твердотельный гироскоп//Патент РФ. –7G01C 19/56. –RU 2164006. (1999).

[190] *Лунин Б. С.* Чувствительный элемент волнового твердотельного гироскопа//Патент РФ. – 7G01C 19/56. –RU 2166734. (2000).

[191] *Лунин Б. С.* , *Матвеев В. А.* , *Басараб М. А.* Чувствительный элемент твердотельного волнового гироскопа//Патент РФ. –G01C19/56. –RU 2357213 C1. (2007).

[192] *Лунин Б. С.* , *Матвеев В. А.* , *Басараб М. А.* Резонатор//Патент РФ. –G01C19/56. –RU 2357214 C1. (2007).

[193] *Лунин Б. С.* , *Торбин С. Н.* , *Лещев В. Т.* , *Чуманкин Е. А.* Способ балансировки металлического зубчатого резонатора волнового твердотельного гироскопа //Заявка на патент РФ. –G01 19/56. –2013103755 (2013).

[194] *Мачехин П. К.* , *Кузьмин С. В.* Твердотельный волновой гироскоп//Патент РФ. –7G01C19/56. –RU 2168702. (2000).

[195] *Суминов В. М.* , *Баранов П. Н.* , *Опарин В. И. и др.* Способ динамической и статической балансировки резонатора вибрационного твердотельного гироскопа//А. с. СССР МКИ 6 G01C 19/56 SU 1582799 (1988).

[196] *Ansell D. S.* , *Treagus L. A.* Solid State Vibrational Gyroscope //Патент Великобритании. – 7G01C 19/56. –GB 2272054 (1992).

[197] *Fell C. P.* , *Townsend K.* Control system for a vibrating structure gyroscope//Патент США. НКИ 73/504. 12 No. 6651499 (2003).

[198] *Jeanroy A.* , *Leger P.* Capteur gyroscopique et appareil de mesure de rotation en comportant application//Патент Франции. –G01C 19/56. –FR 2792722 (1999).

[199] *Koning M. G.* Vibrating Cylinder Gyroscope and Method//Патент США. – НКИ 74 – 5. 6. – No. 4793195. (1988).

[200] *Loper E. J.* , *Lynch D. D.* Sonic vibrating bell gyro//Патент США. –НКИ 73 – 505. –No. 4157041. (1979).

[201] *Loper E. J.* , *Lynch D. D.* Vibratory rotational sensor//Патент EU. МКИ G01C 19/56. No. 0141621 (1984).

[202] *Loper E. D.* , *Lynch D. D.* Vibratory rotation sensor //Патент США. G01C 19/56. No. 4 951 508. (1990).

[203] *Lynch D. D.* Bell gyro and improved means for operating same//Патент США. НКИ 73/505.

142

No. 3656354. (1972).

[204] *Matthews A. , Varty G. T. , Lynch D. D.* Vibratory rotation sensor with novel electrode placements// Патент США. МКИ G01P 9/04. No. 6065340 (2000).

[205] *Matthews A. , Varty G. T. , Lynch D. D.* Extraction of double-oscillation-frequency sinusoids in vibratory rotation sensors//Патент США. МКИ G01C 19/00. No. 6158282 (2000).

[206] *Putty M. W. , Eddy D. S.* Vibratory gyroscope controller//Патент EU. МКИ G01C 19/56. No. 0609929 (1994).

网 站 资 料

[207] *SCHOTT Electronic Packaging*//http://www. schott. com/epackaging.

[208] *Outgassing data for Selecting spacecraft materials*//http://outgassing. nasa. gov.

[209] *Epoxy Technology*//http://www. epotek. com.

[210] *Ellsworth Adhesives / Emerson & Cuming*//http://www. ellsworth. com/emerson-cuming/.

[211] *MasterBond. com. Adhesives , Sealants , Coatings*//http://www. masterbond. com.

[212] *GE Sealants – Silicone Products for Glazing , Coating , and Weathersealing*//http://www. gesilicones. com.

[213] *High Temperature Adhesives and Epoxies , Ceramics , Insulation , Epoxies and Epoxy* //http:// www. cotronics. com.

[214] *High Temperature , Fire and Heat Resistant Sealants and Adhesives from Sealant and Adhesive Supplier*// http://www. fortafix. com.

[215] *Panacol : Adhesives & More*//http://www. panacol. com.

[216] *High Temp Epoxies , Coatings , Potting Compounds , Machinable Ceramics , Aremco*//http://www. aremco. com.

[217] *SAES Group*//http://www. saesgetters. com.

[218] *DSP56F805 16 – bit Digital Signal Processor. Technical Data*//http://motorola. com/semiconductors/dsp.

[219] *Методика расчета основных показателей надежности волоконного датчика вращения типа ВГxxx*//www. fizoptika. ru.